Beatrix und Egon Pinzer

Das Wipptal und seine Seitentäler

Beatrix und Egon Pinzer

Das Wipptal und seine Seitentäler

Eine Reise von Innsbruck bis zum Brenner in Wort und Bild

loewenzahn
Innsbruck-Bozen

Wir danken für die Unterstützung:

ÖBB
Mayreder Bau GmbH.
Stadt Innsbruck
Casinos Austria
Tiroler Sparkasse
Gerätewerk Matrei
Hochstubai-Liftanlagen
Gemeinde Pfons
TIWAG-AG
Tiroler Versicherung
Hypo-Bank Tirol
Steinacher Bergbahnen AG
Alpen Strassen AG
Gemeindeamt Mühlbachl
Innsbruck Tourismus
Gemeinde Ellbögen
Gemeinde Gries am Brenner
Tourismusverband Steinach

A-6010 Innsbruck
e-mail: order@studienverlag.at
homepage: www.loewenzahn.at

Fotos: Ludwig Mallaun, Söll
Layout und Satz: Bernhard Klammer / Studienverlag
Umschlaggestaltung: Karin Straßer
nach Entwürfen von thöni / visual design

Gedruckt auf umweltfreundlichem, chlor- und säurefrei gebleichtem Papier.

ISBN 3-7066-2266-1

Inhaltsverzeichnis

Geleitwort

Das Wipptal ist ein geschichtsträchtiges Tal, es verbindet Innsbruck mit der Tiroler Landesgrenze am Brenner, die zugleich auch die Staatsgrenze zu Italien ist. Über diesen Sattel zogen ganze Generationen deutscher Italienfahrer gegen Süden, Könige, Künstler, Dichter und Gelehrte wählten diesen wichtigen Verbindungsweg.

Den Grundstein der Straße durch das Wipptal haben bereits die Römer gelegt, und mit der rasanten technischen Entwicklung und dem Bau der Autobahn hat der Wanderstrom über den Brenner noch zugenommen. Diese Autobahnstrecke vermittelt in besonderer Weise die landschaftliche Schönheit des Tales, führt sie doch über der Talsohle an den drei Hauptorten Matrei, Steinach und Gries vorbei dem Brenner zu. Faszinierend ist der Blick auf die Serles, den Altar Tirols, und auf den Stubaier Gletscher. Die Bergwelt des Gschnitztales begeistert ebenso wie ein Besuch der Seitentäler mit der vorwiegend unberührten Natur.

Es verwundert daher auch nicht, daß sich im Wipptal eine gute touristische Infrastruktur entwickelt hat. Die Hotels und Gästepensionen, die Wanderwege und Liftanlagen und die Ausflugsstraßen in die Seitentäler locken viele Gäste, aber auch Einheimische an.

Als Wipptaler freue ich mich ganz besonders über das vorliegende Buch. Es entführt den Leser in die landschaftlichen Besonderheiten und die eindrucksvolle Bergwelt dieses Tales. Für den einen mag es eine Erinnerung an schöne Urlaubstage sein, für den anderen vielleicht der Anreiz, das Wipptal kennenzulernen. Für den Wipptaler ist es auf jeden Fall ein höchst interessantes Dokument seiner Heimat, für das ich den Autoren, Beatrix und Egon Pinzer, besonders gratulieren möchte.

Dipl. VW Hubert Rauch

Bürgermeister von Steinach

Vorwort

In diesem Buch werden das Wipptal von Innsbruck bis zum Brenner sowie das Stubai-, Navis-, Gschnitz-, Schmirn-, Valser- und Obernbergtal behandelt. Es ist ein seit Jahrtausenden verkehrsgeographisch eminent wichtiger Raum, durch den eine der bedeutendsten Verkehrsadern Europas führt. Heere, Kaufleute und Pilger, Könige und Kaiser zogen über die alte Straße und den Brennerpaß, den tiefsten Einschnitt des Alpenhauptkammes, nach dem Süden. Der reichen geschichtlichen Tradition entspricht die große Zahl hervorragender Kunstwerke in diesem Gebiet. Tiefe, von Flüssen und Bächen durchtoste Schluchten, liebliche Mittelgebirgsterrassen, blumenübersäte Grasberge, eisgepanzerte Gletscherriesen, dunkle Fichtenwälder, zauberhafte Lärchenwiesen und tiefblaue Bergseen beglücken den Naturfreund. So bewahrheitet sich die Feststellung des großen Historikers Otto Stolz: „Unter allen Quertälern Tirols ist das Wipptal geographisch wie geschichtlich das merkwürdigste."

Jeder Gemeinde des Wipptales ist ein eigener Abschnitt gewidmet, wobei versucht wurde, wesentliche Gesichtspunkte, wie die geographische Lage, den geschichtlichen Hintergrund und die interessantesten Sehenswürdigkeiten, zu berücksichtigen. Ein Überblick über die Freizeitmöglichkeiten und die schönsten Wanderwege rundet jedes Kapitel ab. Wegen der Knappheit des zur Verfügung stehenden Raumes mußte verständlicherweise auf manches Detail verzichtet werden.

Beim Sammeln und Sichten des umfangreichen Materials waren wir auf die Unterstützung vieler ortskundiger Personen angewiesen. Unser besonderer Dank gebührt den hochwürdigen Herrn Pfarrern, den Bürgermeistern, vielen Ortschronisten sowie den Leitern der Tourismusverbände. Besondere Verdienste um das Zustandekommen des Buches hat sich vor allem der Obmann des Talverbandes Wipptal, Herr Hermann Eder, erworben. Außerdem danken wir Frau Professor Dr. Martha Sturmberger und Frau Hildegard Pinzer-Hausberger herzlich für ihre tatkräftige Mithilfe. Sie alle haben durch ihre bereitwillige Mitarbeit bei der Überprüfung des Manuskriptes viel zur Verläßlichkeit der Angaben beigetragen.

Beatrix und Egon Pinzer

Das Wipptal

Unter den Quertälern Tirols nimmt *das zu beiden Seiten des Brennerpasses liegende Wipptal* sowohl geographisch als auch historisch eine besondere Stellung ein. Dieses wichtige Tor nach dem Süden *umfaßt das Silltal, die Brennerfurche und das oberste Eisacktal.* Es erstreckt sich also über zwei Flußtäler von der Tiroler Landeshauptstadt Innsbruck bis zur Sachsenklemme südlich von Sterzing.

Seit Jahrtausenden bildet das Wipptal eine natürliche und kulturhistorische Einheit. Nördlich wie auch südlich des Brenners, der als eine der tiefsten Einsattelungen in den Zentralalpen nie völkerscheidend, sondern immer völkerverbindend war, finden wir die gleichen Gegebenheiten. Klima, Pflanzenwuchs,

Ellbögen, Viggartal nahe dem Meißner Haus

Bodenverhältnisse, Siedlungsform, Menschenschlag, Dialekt, Familiennamen, Tracht usw. sind im Silltal und im oberen Eisacktal dieselben. Erst durch den Friedensvertrag von St. Germain nach dem Ersten Weltkrieg (1919) wurde diese uralte Einheit zerrissen, und der südliche Teil des Wipptales fiel an Italien. Trotzdem besteht auch heute noch ein starkes Zusammengehörigkeitsgefühl bei der alteingesessenen Bevölkerung diesseits und jenseits des Brenners.

Das Wipptal bildet auch die Brücke zwischen dem Nordtiroler Inntal und dem Südtiroler Etschtal. Es ist ein Hochtal, dessen Ortschaften in Nordtirol in rund 1000 und mehr Meter Höhe liegen: Matrei 992 m, Patsch 1001 m, Ellbögen 1075 m, Steinach 1048 m, Gries 1165 m.

Der Name des Wipptales gilt als einer der ältesten Tirols, er geht wahrscheinlich auf die Urbewohner zurück. Die Römer übernahmen ihn für ihre Militärstation Vipitenum (Sterzing). Der Nordtiroler Teil des Wipptales wird von der wildschäumenden *Sill* durchflossen, die sich im unteren Flußlauf eine tiefe Schlucht gegraben hat.

Ein sehr schöner, auch für den Pflanzenfreund interessanter Wanderweg erschließt die *wildromantische Sillschlucht* von der Landeshauptstadt bis Gärberbach. Die Sill trennt die Stubaier Alpen von den Zillertaler Alpen und den Tuxer Voralpen. Namensforscher leiten den Flußnamen vom lat. „silex", was soviel wie Kieselstein heißt, ab; *Sill würde also „Kieselbach" bedeuten.* Dieser rechte Nebenfluß des Inns ist 35 km lang und entspringt an der 2733 m hohen Wildseespitze östlich vom Brenner. Früher nannte man den Sillbach vom Brenner bis Stafflach die „Luegerin", weil dieser kleine Wasserlauf bei der berühmten ehemaligen Zollstätte am Lueg vorbeifloß. In die Sill münden zahlreiche Bäche: Vom Osten fließen aus den Zillertaler Alpen der Valser und der Schmirner Bach und aus den Tuxer Voralpen der Navis-, Falkasaner- und Mühlbach. Von den Stubaier Alpen im Westen nimmt die Sill den Seebach aus dem Obernbergtal, den Gschnitzbach und die das Stubaital entwässernde Ruetz auf.

Die Sill und ihre Nebenbäche wurden schon sehr früh zur Elektrizitätsgewinnung genutzt. Heute sind es in diesem Gebiet über zehn teils modernst ausgebaute Kraftwerke, welche die allseits begehrte saubere Energie erzeugen. Eines der ältesten E-Werke war das 1903 in der Nähe der Stefansbrücke nach den Plänen von Dr. Ing. Josef Riehl errichtete *Kraftwerk Obere Sill.* Es war damals eines der bedeutendsten Wasserkraftwerke Europas und das größte in der österreichisch-ungarischen Monarchie. Kennzeichnend für die Verantwortlichkeit der ehrenamtlich tätigen Politiker der damaligen Zeit ist die Tatsache, daß der Innsbrucker Gemeinderat als Bauherr des Unternehmens den Bau nur unter der Voraussetzung genehmigte, daß der Finanzreferent der Stadt Innsbruck, Vizebürgermeister Kapferer, als Kaufmann mit seinem gesamten Privatvermögen für die Rentabilität des Kraftwerkes die Haftung übernahm. Seit 1967 besteht die von der Stadt Innsbruck erbaute Kraftwerksgruppe Untere Sill, die jährlich bis zu 160 Mio. Kilowattstunden erzeugt.

Ein zweites bemerkenswertes E-Werk ist das 1912 eröffnete *Ruetz-Kraftwerk,* das den Strom für die ein Jahr später vollendete Mittenwaldbahn, die erste elektrische Vollspurbahn des deutschen Sprachraumes, lieferte. Es steht in Unterberg, in der Nähe der Mündung der Ruetz in die Sill, und ist ein bautechnisch einmaliges Juwel der Industriearchitektur, das 1997 vorbildlich renoviert wurde.

Die Seitentäler des Wipptales

Die östlichen (rechten) Seitentäler

Das vom wildtosenden *Mühlbach*, der im Oberlauf Viggarbach heißt, entwässerte waldreiche *Viggartal* beginnt am Fuße der 2746 m hohen Kreuzspitze und mündet bei der Fraktion Mühltal (Gemeinde Ellbögen) in die Sill. Der wichtigste touristische Stützpunkt des ansonsten unbesiedelten, steilen, engen Tales im Süden des Patscherkofels ist das 1707 m hoch gelegene, ganzjährig bewirtschaftete *Meißnerhaus*. Es wurde 1926 beim Niederleger im

Gschnitztal, Winterlandschaft mit Zeisspitze

Viggartal von der Deutschen Alpenvereinssektion Meißen errichtet und 1968 von der Sektion der oberbayrischen Nachbarorte Ebersberg und Grafing übernommen. Im hintersten Tal steht in herrlicher Umgebung der geheimnisvolle *„Geschriebene Stein"*, ein 8 m hoher, auffälliger Felsblock, der merkwürdige verwitterte Zeichen aufweist. Einige Forscher vermuten, daß sie den Namen Kaiser Maximilians, der sich hier oft zur Jagd aufhielt, und die Jahreszahl 1489 bedeuten. Andere wieder glauben, daß der mächtige Stein einem heidnischen Kult diente.

Bei Ellbögen mündet das am Fuße des Rosenjoches ansetzende Arztal, das vom *Falkasaner Bach* entwässert wird. Dieser Bach bildete früher die Grenze zwischen den Gerichten Sonnenburg (Wilten) und Steinach. Im 17. Jahrhundert schürfte man im Tal (Arztal = Erztal) nach Gold. Noch heute erinnern einige Hausnamen, Knappenlöcher und die Knappenhäuser in Mühltal an den einstigen Bergsegen.

Das *Navistal*, ungefähr 10 km lang, reicht vom Klammjoch in den Tuxer Voralpen bis nach Matrei. Leicht zu bewältigen ist der Übergang ins Wattener Tal zur Wattener Lizum.

Das etwa 15 km lange *Schmirntal* erstreckt sich von Stafflach bis zum Tuxer Joch. Im Talinnern zweigt das *Wildlahnertal* ab, das zum Olperer führt.

Bei St. Jodok im Schmirntal beginnt das *Valser Tal*, das zur Alpeiner Scharte und zum Fuirstein (Fußstein) führt.

Bei der Bahnstation Brennersee, knapp vor dem Brennerpaß, mündet das *Venntal*, das Quelltal der Sill, ins Wipptal ein. Vor der Abtretung Südtirols an Italien markierte es die Grenze zwischen den Gerichten Sterzing und Steinach.

Die westlichen (linken) Seitentäler

Das 40 km lange, wegen seiner Kleineisenindustrie weit über die Grenzen Tirols hinaus bekannte *Stubaital* wird vom Ruetzbach entwässert. Hinter Neustift gabelt es sich in das *Unterberg- und das Oberbergtal.* Erschlossen wird das Stubaital durch die elektrische Kleinbahn Innsbruck-Fulpmes und durch eine gute Straße, die hinter Ranalt als „Stubaier Gletscherstraße" bis zur Mutterbergalm, 1750 m, an die Talstation der Stubaier Gletscherbahn heranführt.

Von Steinach zweigt das *Gschnitztal* ab, das parallel zum Stubaital in die Stubaier Alpen hineinführt.

Das südlichste linke Seitental der Sill ist das rauhe *Obernbergtal.* Es mündet bei Gries und führt dem wildtosenden Seebach entlang hinein in das Reich der Tribulaune und zum landschaftlich reizvoll gelegenen *Obernberger See.*

Die Tuxer Voralpen

Östlich des Wipptales erheben sich die meist sanft gerundeten Tuxer Voralpen, die im Süden vom Schmirn- und Tuxer Tal, im Osten vom Zillertal und im Norden vom Inntal begrenzt werden.

Sie sind den südlich angrenzenden, 400 bis 600 m höheren Zillertaler Alpen vorgelagert. Im wesentlichen bestehen sie aus Quarzphyllit und anderen kristallinen Schiefern, also aus Urgestein.

Nur das Zentrum der Tuxer Voralpen, die markant geformten *Tarntaler Berge*, ist aus permmesozoischen Kalken aufgebaut. Die vom Wipptal in die Tuxer Voralpen hineinführenden Täler sind das *Viggar-*, *Arz-*, *Navis-*, *Padaster-* und das *Schmirntal*. Sie werden mit Recht als wunderschöne Wandergebiete gepriesen. Im Winter bieten sie dem geübten Tourenschifahrer herrliche Ziele. Der höchste Berg, der 2888 m hohe, aus dunklem Serpentin aufgebaute *Lizumer Reckner*, ist in 4½ Std. von Navis aus zu erreichen; als berühmtester, leicht zu besteigender Aussichtsberg gilt der *Patscherkofel* (2248 m). Bekannte Schutzhütten sind das *Meißnerhaus* (1707 m) im Viggartal, die *Naviser Hütte* (= Schranzberghaus, 1777 m), das *Patscherkofelhaus* (1964 m) und das *Tuxer-Joch-Haus* (2313 m). Die größtenteils sanften Geländeformen, der Wasserreichtum und die Fruchtbarkeit der leicht verwitterbaren Schiefer ermögli-

Touristenrast gegen Olperer/Tuxer Alpen

chen eine reiche Vegetation. Saftige Wiesen, dunkle Fichtenwälder, die in den höheren Lagen von den wetterfesteren Lärchen durchsetzt sind, und weit in Hochgebirgsregionen hinaufreichende Almböden überziehen die Berge mit einem satten Grün. Sie bieten gute Voraussetzungen für die Besiedlung in oft beachtlichen Höhenlagen. So liegt der berühmte Hoggeneinerhof (Hochgeneinerhof) in der Gemeinde Schmirn 1639 m hoch. Bemerkenswert sind die in etwa 1800 bis 2100 m Höhe wachsenden Zirben, die vor allem im Patscherkofel- und Glungezergebiet die schönsten Bestände im Bereich der Ostalpen aufweisen.

In den höchsten Bergregionen haust das scheue, possierliche Murmeltier (von den Einheimischen „Murmele" genannt), häufig begegnet man der Gemse, deren Kletterkunst den Naturfreund immer wieder staunen läßt. Wildbret und Gamsbart der Tuxer Gemse werden vom Jäger besonders geschätzt. Auf den Hochmähdern und Almwiesen findet man Schneehühner. Schwärme von Jochdohlen umkreisen die höchsten Felsgipfel. Nur selten sieht man Adler, die manchmal am Olperer in den angrenzenden Zillertaler Alpen nisten.

Die Zillertaler Alpen

Vom obersten Silltal aus gelangt man durch das Schmirn-, Valser- und Venntal in die eindrucksvolle Gebirgswelt der mächtigen Zillertaler Alpen. Sie erstrecken sich in einer Länge von etwa 50 km zwischen der Brennerfurche im Westen und der Birluckn oder Birnlücke im Osten, wo die Hohen Tauern beginnen. Im Norden trennen das Schmirntal und das Tuxer Joch die Zillertaler Alpen von den etwa 400 m niedrigeren Tuxer Voralpen. Die Zillertaler Alpen sind schroffe, oft mächtig vergletscherte prachtvolle Bergriesen mit 41 Dreitausendern, die hier den Alpenhauptkamm bilden. Der westlichste Teil der Zillertaler Alpen ist der Tuxer Hauptkamm mit dem berühmten 3480 m hohen *Olperer*, der 1867 erstmals bestiegen wurde, und dem 3168 m hohen *Riffler*. Südlich davon streicht in westöstlicher Richtung der Zillertaler Alpenhauptkamm, auf dem seit dem Ende des Ersten Weltkrieges die österreichisch-italienische Grenze verläuft. Die höchste Erhebung der Zillertaler Alpen ist der 3510 m hohe *Hochfeiler*, der 1865 von Paul Grohmann mit Georg Samer und Peter Fuchs zum ersten Mal bezwungen wurde; er ist vom Pfitscher Tal (Südtirol) aus verhältnismäßig leicht zu besteigen. Der große Pionier der Zillertaler Alpen war Peter Carl Thurwieser (1789-1865), der aus Kramsach im Unterinntal stammende Theologieprofessor an der Salzburger Universität, nach dem die Thurwieserspitze in der Ortlergruppe benannt ist. Auch viele Engländer sind als Erschließer der Zillertaler Alpen in Bergsteigerkreisen bekannt geworden.

Die Berge sind aus Granitgneis und Glimmerschiefer aufgebaut. Die Bergsteiger bezeichnen das feste, gut kletterbare Gestein als „Zillertalfels". Wichtige Bergsteigerstützpunkte in den Zillertaler Alpen, die von der Brennergegend aus erreicht werden, sind die *Landshuter-* (2713 m) und die *Geraer Hütte* (2324 m) sowie das *Tuxer-Joch-Haus* (2313 m).

Die Stubaier Alpen

Diese vielgestaltige und eindrucksvolle Gebirgsgruppe der Zentralalpen erstreckt sich zwischen dem Ötztal, dem Inntal und dem Wipptal. Ein verhältnismäßig kleiner Teil der Stubaier Alpen reicht seit dem Frieden von Saint Germain (1919) hinüber auf italienisches Staatsgebiet; er wird im Süden vom Passeiertal und im Osten vom Jaufen- und Eisacktal begrenzt. So wie die gesamten Zentralalpen sind auch die Stubaier Alpen hauptsächlich aus kristallinen Urgesteinen (Schiefer und Gneise) aufgebaut. Mitten im Urgestein treten rasch verwitternde, an die Dolomiten erinnernde Kalkgesteine auf, so im Kletterparadies der Kalkkögel, im Serleskamm, in der trutzigen Tribulaungruppe sowie in den Telfer Weißen bei Sterzing und in den Schneeberger und Moarer Weißen. Es sind dies eindrucksvolle Reste einer Deckschicht von Meeresablagerungen über den kristallinen Gesteinen.

Die höchste Erhebung der teilweise stark vergletscherten Stubaier Alpen ist das 3507 m hohe *Zuckerhütl*, einer der drei Gipfel des berühmten Pfaffenkammes, auf den die Stubaier Gletscherbahn führt. An zweiter Stelle steht die edelgeformte Pyramide des *Schrankogels* (3496 m). Als der bekannteste Gipfel im Kreise der rund 80 Dreitausender gilt der sagenumwobene *Habicht* (3277m). Er ist verhältnismäßig leicht von der Innsbrucker Hütte aus zu erreichen. Als erster hat ihn im Jahre 1836 *Peter Carl Thurwieser*, einer der größten österreichischen Bergpioniere, bestiegen. Lange Zeit galt der Habicht als der höchste Berg Tirols. Vier prächtige Täler, die schon vor vielen Jahrzehnten für den Tourismus erschlossen wurden, führen tief hinein in die herrliche Bergwelt der eisgepanzerten Stubaier: das *Sellrain-, Stubai-, Gschnitz- und Obernbergtal.* Der Gletscherpfarrer *Franz Senn*, der lange Jahre als Seelsorger in Neustift wirkte, begann als einer der ersten, die Stubaier zu erschließen. Sie zählen heute wegen der zahlreichen Schutzhütten und der gut angelegten Wege zu den am leichtesten zugänglichen Gebirgen der Ostalpen.

Innsbruck, Serles/Stubaier Alpen

Die Kalkkögel

Senders-, Oberberg- und Stubaital begrenzen die herrliche Bergwelt der Kalkkögel, ein gut erschlossenes und gern besuchtes Gebiet der Stubaier Alpen. Hier türmt sich über dem Unterbau von kristallinen Schiefern eine bis zu 1000 m mächtige Schicht dolomitischen und kalkigen Gesteins auf. Wegen der zahlreichen bizarren, verwitterten Türme und Zacken, Nadeln und Zinnen werden die Kalkkögel gerne als die *„Dolomiten Nordtirols"* gepriesen. Trotz der teilweise gefährlichen Brüchigkeit gelten sie als eines der schönsten Klettergebiete Nordtirols. Aber auch der Bergwanderer findet hier lohnende Ziele, denn gut markierte Pfade führen über weite Aussicht bietende Joche und Scharten; mehrere Gipfel sind durch Steiganlagen für den Geübten leicht zugänglich.

Schon vor dem Bau moderner Aufstiegshilfen schwärmten die Innsbrukker Tourengeher von der landschaftlichen Schönheit zweier Schigebiete in den Kalkkögeln: vom Schlicker Tal oberhalb von Fulpmes und von der Axamer Lizum. Inzwischen ist der Ruf dieser beiden Schizentren weit über die Grenzen

Neustift, Bauernhöfe gegen Kalkkögel

Tirols hinausgedrungen. Die Axamer Lizum war Austragungsort der alpinen Schiwettkämpfe bei den Olympischen Winterspielen 1964 und 1976.

Die bedeutendsten Berggipfel der Kalkkögel sind die aussichtsreiche, schöngeformte *Saile* oder *Nockspitze* (2406 m), die mit der berühmten *Serles* den Eingang ins Stubaital flankiert, der *Ampferstein* (2556 m), die markante *Marchreisenspitze* (2623 m), die vor allem den Schifahrern als imponierender Hintergrund der weltberühmten Axamer Lizum wohlbekannt ist, die doppelgipfelige *Malgrubenspitze*, die *Hochtennspitze* (2549 m), die sich über dem blumenreichen Hochtennboden erhebt, die als lohnende Klettertouren gerühmten Schlicker Türme, der trapezförmige *Steingrubenkogel* (2635 m), die *Kleine und Große Ochsenwand* und die *Riepenwand*, durch deren senkrechte Westwand drei der schwierigsten Anstiege in den Kalkkögeln führen. Herrliche Ausblicke bietet der *Hohe Burgstall* (2611 m); die höchste Erhebung ist mit 2804 m die *Schlicker-See-Spitze*.

Der Name „Kalkkögel" scheint zum erstenmal 1773 in der berühmten Karte Peter Anichs auf. Alpinistisch erschlossen wurde diese wunderschöne Berggruppe vor rund 100 Jahren. Karl Gsaller, nach dem der Steig von der Alpenklubscharte zur Marchreisenspitze benannt ist, seine berühmte Bergsteigergruppe „Wilde Bande" sowie Ludwig Pfurtscheller und Otto Melzer bezwangen alle wichtigen Gipfel. 1904 erbaute der Akademische Alpenklub Innsbruck die nach dem großen Tiroler Naturforscher und Dichter *Adolf Pichler* (1819–1900) benannte *Hütte* im Senderstal. Als weitere Stützpunkte stehen dem Bergsteiger die *Starkenburger Hütte*, die *Schlicker Alm* und mehrere Häuser in der Axamer Lizum zur Verfügung.

Zur Geschichte des Wipptales

Die ersten namentlich bekannten Bewohner des Wipptales waren die *rätischen Stämme der Breonen und Genaunen*, die vor allem die Mittelgebirgsterrassen und die Schuttkegel besiedelten. Der römische Schriftsteller Horaz bezeichnete die Breonen und Genaunen als kühne, verwegene Bergstämme, die auf hohen Bergburgen hausten. 15 v. Chr. drangen die *römischen Legionäre* unter ihrem Feldherrn Drusus, dem Stiefsohn des Kaisers Augustus, von Tridentum (Trient) aus auf einem Eroberungszug durch das Etsch- und Eisacktal über den Brenner vor. Hart und unerbittlich war der blutige Kampf, dem schließlich die tapferen Breonen unterlagen. Die wehrfähigen Männer der Breonen, die den mörderischen Krieg überlebt hatten, wurden in die Sklaverei verkauft, und an ihre Stelle traten römische Militärkolonisten, die dem Land römische Sitte und Sprache aufzwangen. Das Wipptal wurde in die römische *Alpenprovinz Rätien* eingegliedert, die nach den besiegten Rätern benannt wurde. Sie erstreckte sich von der Ostschweiz bis zum Ziller, der heute noch Diözesangrenze ist. Hauptstadt der Provinz war Augusta Vindelicum, das heutige Augsburg.

Während anfänglich nur ein Pfad über den Brenner führte und der Weg über den Reschen den Römern wichtiger war, änderte sich dies, als sich der Schwerpunkt der römischen Politik an die Donau östlich von Regensburg verlegte. So ließen zunächst Kaiser Claudius (41 - 54 n. Chr.) und später Kaiser Septimius Severus (193 - 211 n. Chr.) eine Heeresstraße anlegen, so daß der Brennerweg zur Hauptverkehrsader Rätiens wurde. An der Straße, die in Pons Drusi bei Bauzanum (Bozen) ihren Ausgang nahm, lagen die Straßenstationen Vipitenum (Sterzing) und Matreium (Matrei). Hier gabelte sich die Römerstraße. Ein Ast führte über Schönberg nach Veldidena (Wilten), ein zweiter über Ellbögen, Lans, Aldrans und Ampass nach Hall. Der römische Meilenstein von Lueq sowie die am Brennersee und bei der Europabrücke entdeckten Reste der römischen Pflasterstraße erinnern an die römischen Legionäre und Kaufleute, die hier einst vorüberzogen.

Im 6. Jahrhundert drangen die *Bajuwaren* über das Unterinntal in das Silltal vor und überschritten 592 den Brennerpaß. Schließlich reichte das bajuwarische Herzogtum bis in die Gegend von Salurn, wo es an das langobardische Gebiet grenzte. Die romanisierten Räter zogen sich in die hochgelegenen Gebirgstäler zurück und gingen allmählich im bajuwarischen Volkstum auf. Nur die zahlreichen seltsamen Flur-, Orts- und Bergnamen des Wipptales erinnern noch heute an die untergegangenen Räter: Igls, Patsch, Matrei, Pfons, Tarzens, Tienzens, Tribulaun, Schmirn, Gedeir, Truna, Padaster, Lapones usw.

In jahrhundertelanger Rodungsarbeit prägten die Bajuwaren das heutige

Landschafts- und Siedlungsbild des Wipptales und seiner Nebentäler, die vor allem durch die zahlreichen, oft sehr hoch gelegenen Einödhöfe gekennzeichnet sind. Diese harte Kulturarbeit der Bergbauern war im allgemeinen im 14. Jahrhundert abgeschlossen worden. Staunend fragt man sich, wie die Menschen damals in solch hochgelegener, oft verlassener Bergwildnis leben konnten.

Im Mittelalter, zur *Zeit der Römerzüge der Kaiser des Heiligen Römischen Reiches Deutscher Nation*, wurde der Weg durch das Silltal und über den Brenner zur amtlichen „Königsstraße" erhoben. Die Historiker zählen 66 Romzüge der deutschen Kaiser, die durch das Wipptal geführt haben, denn die Brennerstraße ist die kürzeste Verbindung zwischen Deutschland und Italien. Ottonen, Salier und Hohenstaufen zogen an der Spitze ihrer oft mächtigen Ritterheere über den Paß. Eindrucksvoll ist die Schilderung des Romzuges von Kaiser Otto III. im Jahre 996. Unter Lob- und Psalmengesängen zog der erst siebzehnjährige Kaiser, dem man die Heilige Lanze vorantrug, über die schneebedeckten Alpen. Um den für die Reichspolitik so wichtigen Paß in sichere Hände zu bekommen, verlieh 1027 Konrad II. die im „Land im Gebirge" gelegenen wichtigen Grafschaften des Inn- und des Eisacktales dem Hochstift Brixen. Denn die verläßlichsten Lehensträger für den Kaiser waren die geistlichen Fürsten. Da sie nicht heiraten durften, konnten sie auch ihr Lehen nicht weitervererben, und nach ihrem Tode hatte der Kaiser die Möglichkeit, vertrauenswürdige Nachfolger einzusetzen. Ihnen übertrug er neben der geistlichen Würde auch das weltliche Amt. Damals erhielt das Land im Gebirge die Unabhängigkeit vom Herzogtum Bayern. Die Grundlage zur Bildung der späteren Grafschaft Tirol wurde damit gelegt. Eindrucksvoll war 1158 die Heerfahrt Friedrichs II. über den Brennerpaß, als der Kaiser in die Lombardei zog, um die aufrührerischen oberitalienischen Städte niederzuzwingen. So berichtet die Chronik: „In fünf Abteilungen zogen die gewaltigen Heeresmassen, bei 100.000 Fußgänger und 15.000 Reiter, über die Alpen, die vierte und größte unter des Kaisers Führung über den Brenner, mit ihm die angesehensten Reichsfürsten und Bischöfe, hinter ihm Heinrich der Löwe mit dem sächsischen Kriegsvolk. Wie mögen damals unsere Berge vom Waffengetöse, vom Trompetenschall und von Kriegsgesängen widerhallt haben!"

Prachtvoll gestaltete sich das Treffen Kaiser Karls V. mit seinem Bruder Ferdinand im Mai 1530 beim sogenannten „Kaiserbild" unterhalb von Lueg. Eine Gedenktafel erinnert heute noch an das aufsehenerregende Ereignis. Aber nicht nur freudige Heimkehrer zogen über den Brenner. Auch geschlagene, von Krieg, Pest und Hunger nahezu aufgeriebene Heere schleppten sich nordwärts über die Alpen. Groß waren die Leiden der Bevölkerung entlang der Brennerstraße, wenn die Heereszüge sich nicht selbst versorgten oder wenn die Kriegsfurie im Lande wütete. Erschütternd ist eine Klageschrift an den Tiroler Landtag aus dem

Jahre 1546: „Furchtbar haben die Soldaten von Sterzing über den Brenner gehaust, vor allem auf den wehrlosen Einödhöfen. Öfen, Fenster, Stühle, Bänke, Tische, Truhen und Kästen wurden zerschlagen. In den Gasthäusern brachen sie die Keller auf. Die Lebensmittel, die sie nicht mitschleppen konnten, schütteten sie auf die Straße, um sie verderben zu lassen ... Wenn sich jemand zur Wehr setzen wollte, drohten sie mit Brand und Mord ... Auch das arme Kirchlein auf dem Brenner wurde aufgebrochen. Alle Zier und alle Ornate wurden geraubt, sogar zwei Kelche. Nur ein Meßgewand wurde zurückgelassen, aber das goldene Kreuz war herausgeschnitten worden ...".

Von unbeschreiblichem Elend wurde das Wipptal im Jahre 1703 und während der *Napoleonischen Kriege* heimgesucht. Im August des Tiroler Heldenjahres 1809 zog der geschlagene französische General Lefebvre mit seinen Truppen vom Süden her über den Brenner. Schwer waren die Verluste, die er an der Sachsenklemme bei Mauls südlich von Sterzing beklagen mußte. Um sich am Sieg der Tiroler zu rächen, gab er persönlich den Befehl, das alte, großangelegte *Zollschloß am Lueg* mit dem Ballhaus (Lagerhaus) und allen Nebengebäuden niederzubrennen. Nur das den Heiligen Sigmund und Christoph geweihte Kirchlein, Mühle, Widum und Klammhaus blieben vom verheerenden Brand verschont.

Nach dem Wiener Kongreß (1815) verstärkte sich noch einmal der Verkehr über den Brenner, von dem fast alle Bewohner des Wipptales seit Jahrhunderten lebten. Eigene Rod- und Straßenordnungen regelten den Personen- und Warenverkehr. Der überaus rege Gütertransport auf der wichtigsten Handelsstraße zwischen dem Welthandelsstaat Venedig und dem Handelszentrum Augsburg wickelte sich sehr lange auf der Grundlage des *Rodfuhrwesens* ab. Der vom lateinischen Wort rota (= Rad) abgeleitete Ausdruck besagt, daß die Warenbeförderung nicht auf durchlaufenden Wagen, sondern staffelweise von Rodstätte zu Rodstätte stattfand. So waren Sterzing, Lueg und Matrei die Rodstätten, wo die Waren den Rodfuhrleuten übergeben wurden. Diese schafften die Frachten auf eigenen Fuhrwerken bis zur nächsten Station. Die sogenannten *Ballhäuser* dienten zur Aufbewahrung der Waren und schützten sie vor den Unbillen der Witterung. Besonders schön ist das *Ballhaus in Matrei* (heute Gasthaus „Zur Uhr"), das glücklicherweise die zahlreichen Feuersbrünste und den verheerenden Bombenhagel von 1945 gut überstanden hat. Nicht nur die Wirte, sondern auch die Bauern des Wipptales stellten Pferde, Ochsen und Wagen.

Durch den regen Straßenverkehr, der vor allem seit dem 1772 und dann von 1836 bis 1845 erfolgten Ausbau der Straße noch reibungsloser vor sich ging, wuchsen die Siedlungen an der Brennerstraße zu beachtlichen, wohlhabenden Ortschaften an. Neben dem bevorzugten Straßenknotenpunkt Matrei erblühten vor allem noch Steinach und Gries. Eine ganze Reihe berühmter

Matrei am Brenner, Maria Waldrast gegen Blaser

Gasthöfe kündet von der großen Bedeutung der für den europäischen Nord-Süd-Verkehr so wichtigen Straße. Hermann Frass und Franz H. Riedl haben in ihrem interessanten Buch „Historische Gaststätten in Tirol" vielen alten Tavernen, Hospizen und Herbergen im Wipptal ein würdiges literarisches Denkmal gesetzt. Da befindet sich knapp vor der Stefansbrücke, welche die drittweiteste Bogenbrücke der Welt war, als sie 1845 fertiggestellt wurde, der *Gasthof „Schupfen"*. Hier hatte Andreas Hofer 1809 bei den Bergiselschlachten sein Hauptquartier aufgeschlagen. Drei Jahre nach dem Bau der Stefansbrücke verlegte die Familie Lehner ihren seit Jahrhunderten bestehenden Gasthof von der Unterberger Kapelle zum südlichen Ende der mächtigen Einbogenbrücke aus Stein und nannte ihn „Gasthof Stefansbrücke". In Schönberg steht der freskengeschmückte einstige Gasthof „Domanig", in dem 1809 der Sandwirt die Nachricht vom Friedensschluß des Kaisers erfahren hat. Die Gaststätten „Zur Uhr" und die „Goldene Krone" in Matrei, die „Rose", das „Weiße Rössl" und die „Post" in Steinach sowie das „Weiße Rößl" in Gries haben eine jahrhundertelange Tradition.

All das laute Treiben und die ausgelassene Fröhlichkeit der Reisenden, der Postillione und der fluchenden Fuhrleute verschwanden von der zu allen Jahreszeiten belebten Brennerstraße, als 1867 die Brennerbahn Innsbruck–Bozen eröffnet wurde. Erst die aufkommende Motorisierung erweckte wiederum das Leben entlang der Brennerstraße. Schwere Bombenangriffe während des Zweiten Weltkrieges richteten vor allem in Matrei und Steinach großen Schaden an. Wie so oft mußten die Menschen an der verkehrsgeographisch so wichtigen Alpenstraße um ihren Besitz und um ihr Leben bangen.

Als nach dem Zweiten Weltkrieg die Motorisierung in einem atemberaubenden Tempo zunahm, konnte die alte Brennerstraße den gewaltigen Verkehr nicht mehr bewältigen. So wurden 1960 in der Hochsaison Tagesspitzenbelastungen von über 14.000 Motorfahrzeugen festgestellt. Erst seit der Fertigstellung der Brennerautobahn Innsbruck–Bozen 1973 herrschten im Wipptal für einige Jahre wieder bessere Verkehrsverhältnisse, die sich allerdings in den letzten Jahren durch den zunehmenden Transitverkehr wiederum verschlechterten.

Die Brennerbahn

Lang und beschwerlich war der Weg über den Brenner bis zum Bau der Bahn. Drei volle Tage dauerte die anstrengende Reise mit dem Stellwagen von Innsbruck bis Bozen, die Warentransporte brauchten durchschnittlich fünf Tage. Bei plötzlich auftretenden Schneestürmen im Winter oder nach langen Regenperioden war die Fahrt durch das Wipptal für die Reisenden und die Fuhrleute alles andere als ein Vergnügen. So schrieb kurze Zeit nach der Eröffnung der Bahn (1867) der Tiroler Sagen- und Sprachforscher Ignaz Vinzenz Zingerle von Summersberg in seinem interessanten zweibändigen Werk „Schildereien aus Tirol": „Wer jemals die Strecke von Innsbruck bis Bozen zurückgelegt hat, wird sich der unangenehmen Fahrt auf der bald aufsteigenden, bald fallenden Straße und der lästigen Staubwolken erinnern, die im Sommer die Strekke von Bozen bis Brixen verbitterten, ja die Einfahrt ins südtirolische Eden mußte durch Geduld und Selbstverleugnung erkauft werden. Nun aber sind alle diese Prüfungen auf der Brennerstraße verschwunden, und die sausende Lokomotive dampft über den altberühmten Berg, der die Goten, Bajuwaren und später glänzende Römerzüge über sich ziehen sah, und in den stillen Tälern hallt der langgezogene, dämonische Pfiff des Dampfrosses. Die Bezwingung dieses Bergriesen durch die Technik, die Überwältigung all der zahllosen Schwierigkeiten, die sich im Wipptal und im Kuntersweg dem Baue feindlichst entgegenstemmten, bilden einen wahren Triumph für die fortgeschrittene Wissenschaft und Baukunst unserer Tage. In 3½ Jahren war der scheinbar unmögliche Riesenbau vollendet, welcher auf kürzestem Wege Deutschland mit Italien, den Norden mit dem Süden verbindet. Allein die Brennerbahn verdient nicht nur als kürzestes Verkehrsmittel, als ein Wunderwerk heutiger Technik, unsere vollste Beachtung, sondern nicht minder durch ihre großartige Schönheit. Wohl kein Schienenstrang von dieser geringeren Ausdehnung bietet einen so reichen Wechsel von Naturschönheiten, eine solche Fülle von glänzenden Landschaftsbildern, wie diese Strecke, die uns bald in unwirtbare Täler, in die Nähe mächtiger Gletscher, bald wieder darauf in sonnige Ebenen führt, wo die Kastanien- und Feigenbäume ihre dunklen Kronen heben, Rebenlauben und Efeutapeten die roten Porphyrhügel überkleiden."

Als im Jahre 1854 Carl Ritter von Ghega mit dem Bau der Semmeringbahn den praktischen Beweis erbrachte, daß Gebirgszüge kein Hindernis für Schienenwege bedeuten, begann man in Tirol, verschiedenen bereits ausgearbeiteten Projekten für eine Brennerbahn näherzutreten. Schließlich entschied sich die Südbahngesellschaft, den aus Heilbronn am Neckar in Württemberg stammenden Ingenieur *Karl von Etzel* mit der Planung und Ausführung des Bahnbaues zu beauftragen.

Ing. Karl von Etzel (1812–1865), der Erbauer der Brennerbahn

Karl von Etzel stammte aus einer Familie, die seit drei Generationen ausgezeichnete Techniker hervorgebracht hatte. Sein Vater wirkte als angesehener königlich-württembergischer Oberbaurat für Straßen-, Brücken- und Wasserbauten in Stuttgart, wo auch Karl Etzel seine erste technische Ausbildung erhielt. Später zog er nach Paris, um seine Studien fortzusetzen. Da erfaßte ihn das Eisenbahnfieber, und bald galt er als ein hervorragender Eisenbahnfachmann, aber auch als Architekt genoß er einen guten Ruf. So baute er in Wien das Dianabad, die gewaltigen Hafenanlagen im damals großen österreichischen Seehafen Triest, Bahnen in Württemberg und die Bahnlinie Mailand Monza. Schließlich trat er in den Dienst der österreichischen Südbahngesellschaft, in deren Auftrag er die Brennerbahn erbaute. Etzel war eine faszinierende, charismatische Persönlichkeit, seine Mitarbeiter gingen für ihn durchs Feuer. Rastlos erkundete er mit seinen Ingenieuren die neue Bahnstrecke. Tag und Nacht beschäftigte er sich mit seinem berühmten Projekt. Da raffte den kaum 53jährigen rüstigen Mann ein plötzlicher Schlaganfall dahin. In einem Güterwaggon, in eine Hängematte gebettet, wollte man den vom Tode Gezeichneten ins Krankenhaus transportieren, er starb jedoch in einem Waggonschuppen. Sein engster, fähigster Mitarbeiter, der aus Basel stammende *Ingenieur Achilles Thommen*, vollendete nach Etzels Tod den schwierigen Bahnbau. In Innsbruck erinnern zwei Straßen an die beiden großen Eisenbahnpioniere. Auf dem Bahnhofsgelände am Brenner wurde Etzel anläßlich des 25jährigen Jubiläums der Bahn ein vom Wiener Bildhauer Ratausky geschaffenes Denkmal gesetzt. Es wurde von den italienischen Faschisten beseitigt, jedoch nach dem Zweiten Weltkrieg auf einem Platz südlich des Bahnhofsgebäudes wieder aufgestellt.

Der Eisenbahnbau 1864 bis 1867

Gewaltig waren die Schwierigkeiten, die während des Bahnbaues immer wieder auftraten. Auf der 125 km langen Bahnstrecke durch das Sill- und Eisacktal mußten 13 Brücken, 22 Tunnelbauten sowie viele Schutzgalerien gegen Steinschlag und Murbrüche errichtet werden. Technische Meisterleistungen sind der Silltunnel nördlich vom Schloßbühel in Matrei sowie der Eisacktunnel südlich von Gossensass, wo man die beiden Wasserläufe verlegte. Zum ersten Mal wurden bei einem Eisenbahnbau gekrümmte Tunnels, sogenannte Kehrtunnels, gebaut. *Als 1867 diese höchstgelegene Vollbahn Europas eröffnet wurde*, zog der Techniker und Pionier des Tunnelbaus Franz von Rziha einen eindrucksvollen Vergleich zwischen der Semmering- und der Brennerbahn: „Wir möchten die Semmeringbahn eine an Viadukten reiche, die Brennerbahn eine an Viadukten arme, jene eine brillante, diese eine durch ihre Ruhe imponierende Alpenbahn nennen. Während die Semmeringbahn durch ihre großartigen, kühnen und schwunghaften Konstruktionen, durch ihre klassische Linien-Entwicklung weit mehr imponiert als die Brennerbahn, besitzt letztere ein bedeutendes Übergewicht durch die Einfachheit der zur Erreichung des Zieles angewendeten Mittel. Die Semmeringbahn hat uns die Möglichkeit der Überquerung der Alpen gelehrt, die Brennerbahn hat uns gelehrt, daß diese Möglichkeiten auf einem billigeren Wege zu erreichen sei. Mit der Semmeringbahn hat die Ingenieurkunst ein vorher nur geträumtes Ziel verwirklicht und mit großen Opfern der gesamten Zivilisation bewiesen, daß selbst die Alpen unsere Kommunikationen nicht mehr unterbrechen dürfen. Die Erbauer der Brennerbahn haben diese Kunst mit den Anforderungen zu verbinden gewußt, welche die Finanziers heute an den Ingenieur stellen. Wir müssen bei der Semmeringbahn den Durchbruch der Ingenieurkunst anstaunen, bei der Brennerbahn aber das Geschick, mit welchem die lokalen Verhältnisse ausgebeutet und behandelt wurden."

Der Bau der Brennerbahn hinterließ in ganz Europa einen gewaltigen Eindruck. Alle engeren Mitarbeiter Etzels genossen von nun an hohes Ansehen, sodaß sie nach Beendigung des Baues zu großen Projekten herangezogen wurden oder in führende Positionen aufrückten. So wurden Ing. Julius Lott mit dem Bau der Arlbergbahn, Wilhelm Hellwag mit der Gotthardbahn und Wilhelm Pressel mit dem Bau türkischer Bahnen betraut. Ing. Thommen rückte zum Generalinspektor für die ungarischen Eisenbahnbauten auf.

Arbeit und Brot für 20.000 Menschen

Neben der genialen Leistung Etzels und seiner Ingenieure verdienen auch tausende namenlose Arbeiter, die während des Bahnbaues einen zähen, opfervollen Kampf gegen die Naturgewalten führen mußten, große Bewunderung. Wochenlanger Regen, Felsstürze, Vermurungen und verheerendes Hochwasser, Schneestürme und todbringende Lawinen, Sumpffieber und Typhus setzten den Arbeitern während der erstaunlich *kurzen Bauzeit von nur dreieinhalb Jahren* arg zu. Bescheiden waren die Hilfsmittel und Maschinen, die ihnen zur Verfügung standen: hauptsächlich Pickel und Schaufeln, Winden und Flaschenzüge. Zur Beleuchtung der Baustellen dienten Fackeln und Kerzen, für die Sprengungen verwendete man riesige Mengen von Schwarzpulver. Beim Bau waren zeitweise bis zu *20.000 Arbeiter*, hauptsächlich Welschtiroler, Italiener, Slowenen und Kroaten, beschäftigt; einheimische Tiroler waren selten, für sie galt die Arbeit beim Bahnbau trotz des verhältnismäßig guten Verdienstes als unehrenhaft. Viele

Gries am Brenner, Kapelle in Vinaders

Arbeiter kamen bei Unfällen oder durch Seuchen ums Leben. In St. Peter (Gemeinde Ellbögen), wo heute das neue Schulhaus steht, legte die Südbahngesellschaft den sogenannten „Welschen Friedhof" an, auf dem hauptsächlich Kroaten und Italiener bestattet wurden. Zwischen Gries und dem Brennersee *im ehemaligen Pfarrhaus von Lueg befand sich ein eigenes Krankenhaus für die Arbeiter.* Von 1863 bis 1865 starben allein hier 218 Personen, davon 28 an Typhus. Sie fanden meist im Friedhof zu St. Leonhard in Vinaders ihre letzte Ruhestätte. Hier wirkte auch Dr. Franz Egger, der spätere Bischof von Brixen, als erster Arbeiterpriester Tirols. Während die „Fremdarbeiter" meist sehr religiös waren, galten die wenigen einheimischen „Baraber" als kirchenfeindlich, so daß bei Versehgängen der Mesner, der den Priester begleitete, aus Sicherheitsgründen eine geladene Flinte mittrug.

Franz Muigg, der damalige Kurat von Vinaders (1808–1880), berichtet, daß während des Bahnbaues durch die hohen Grundablösen viel Geld in die Gemeindekassen floß. Sogar die Bauern der höchstgelegenen Einödhöfe lernten damals den Kaffeegenuß kennen, und das Tabakrauchen nahm stark zu. Wegen der beachtlich angestiegenen Holzpreise kam es zu vielen Kahlschlägen in den Wäldern, die gelegentlich zu verheerenden Murbrüchen führten.

Die Eröffnung der Bahn im Jahre 1867

Über die Eröffnung der Bahn am 24. August 1867 schreibt Hermann Strach in seiner „Geschichte der Eisenbahnen Österreich-Ungarns": „Nur Jupiter tonans (= der donnernde Jupiter) feierte die Eröffnung in seiner Art durch ein Gewitter, das in dem Augenblicke sich entlud, als der Eröffnungszug von Bozen abging. Der Fahrplan, die Fahrpreise, die Aufnahme des Güterverkehrs waren mit schlichten Anzeigen am 16., 17., 24. und 28. August 1867 in den Tages- und Wochenzeitungen Tirols bekanntgegeben worden. Wegen der Erschießung des Kaisers Maximilian von Mexiko herrschte Hoftrauer und es mußte von einer feierlichen Eröffnung abgesehen werden. So wurde die letzte noch fehlende Schienenverbindung Innsbruck-Bozen zwischen den bereits vollendeten Eisenbahnlinien Kufstein-Innsbruck und Bozen–Verona, die endgültige und vollständige Verbindung zwischen Nord und Süd, in Betrieb genommen am 24. August 1867, ohne daß ein Priester dem Werk die Weihe gab, ohne daß ein Redner die Bedeutung der Brennerbahn würdigte ... Die Südbahngesellschaft hatte an Stelle eines Festaktes 6.000 Gulden für die Armen gespendet."

Die Bahneröffnung wurde überall freudig aufgenommen, und schon am 17. September erschien in Bozen folgender Bericht: „Der Fremdenverkehr auf der Bahn ist fortwährend im Steigen, und der Andrang zu Fahrbilletten ist großartig, sodaß ein einziger Beamter unmöglich hinreichen kann, um das Publikum zu befriedigen. Man muß sich die Fahrkarten förmlich erobern, sodaß man im Gedränge Körperverletzungen riskiert, und besonders kann Damen nicht angesonnen werden, sich im größten Menschengedränge unter Stößen und Puffen ihre Karte zu holen."

Die Weiterentwicklung der Brennerbahn

Im Jahre 1908 wurde die Brennerstrecke zweigleisig befahrbar, 1928 war die Elektrifizierung abgeschlossen. Während im Jahre der Eröffnung täglich zwei Personenzugspaare über den Brenner fuhren, sind es derzeit täglich über 150 Züge, die auf der international eminent wichtigen Bahnstrecke verkehren. Die stärkste Frequenz belief sich auf 288 Züge innerhalb von 24 Std. (während des Zweiten Weltkrieges).

Da der motorisierte Verkehr über den Brenner in den letzten Jahren enorm zugenommen hat, ergeben sich für die Bevölkerung und die Umwelt große Probleme. Immer dringlicher wird die Notwendigkeit, den Verkehr großteils von der Straße auf die Schiene zu verlagern. Obwohl die Bahnstrecke über den Brenner laufend ausgebaut und verbessert wird, reicht ihre Kapazität nicht aus. Deshalb plant man die Untertunnelung des Wipptals von Innsbruck bis Franzensfeste, ein Projekt von gigantischer Größenordnung.

Die Brennerautobahn

Die Straße über den Brenner hat eine alte Tradition wie nur wenige Nord-Süd-Verbindungen in Europa. Kaiser und Könige, Künstler, Kaufleute und Pilger, Soldaten, Landstreicher und viele Touristen benützten diesen Übergang auf ihrem Weg nach dem Süden. Auf bereits bestehenden Saumpfaden beförderten schon die Etrusker ihre Handelswaren, die Römer legten eine Militärstraße an, und die deutschen Kaiser zogen im Mittelalter über den Brennerpaß nach Italien. Noch im 15. Jahrhundert, als die Straße unter Herzog Sigmund wieder erweitert worden war, bestand sie nur aus einem Karrenweg; erst unter Maria Theresia erfolgte im 18. Jahrhundert ihr Ausbau zur „Kunststraße". Kein Geringerer als der Dichterfürst Johann Wolfgang v. Goethe lobte in seiner „Italienischen Reise" (1786) den landschaftlichen Reiz des Silltales mit folgenden Worten: „Von Innsbruck herauf wird es immer schöner, da hilft kein Beschreiben. Auf den gebahntesten Wegen steigt man eine Schlucht herauf, die das Wasser nach dem Inn zu sendet, eine Schlucht, die den Augen unzählige Abwechslung bietet." Ähnlich mögen die Millionen Reisenden empfunden haben, die bis heute zu Fuß, mit Pferd und Wagen, per Auto oder Eisenbahn das Talstück von Innsbruck durch die Sillschlucht aufwärts bis zur Paßhöhe (auf 1370 m) zurücklegten, um dann talab durch das Südtiroler Eisacktal südlichere Gefilde zu erreichen.

Nie war die Brennerstraße ein abgeschlossenes Bauwerk, viele Male veränderte sie ihr Gesicht gemäß dem Stand der Technik und der damit verbundenen Zunahme des Personen- und Wirtschaftsverkehrs. Der zweiten Hälfte des 20. Jahrhunderts aber blieb es vorbehalten, neben der Brennerstraße eine Autobahn zu errichten. Der Bau verschlang Milliarden. Ein Expertenstab, bestehend aus Hochschulprofessoren, Dozenten und Wissenschaftlern, Zivilingenieuren und Ingenieurkonsulenten sowie Spitzenkräften der Tiroler Landesbaudirektion, mußte neue Wege gehen, als er die erste und einzige kreuzungsfreie Schnellstraße über den Alpenhauptkamm plante. Seit ihrer Eröff-

Brennerautobahn

nung im Jahre 1968 wird sie als eine der schönsten Straßen der Welt gepriesen, und in der Tat ist der Panoramablick auf die Gebirgswelt der Alpen herrlich. Hoch über der gewundenen alten Paßstraße, von der die Orte des Wipptales aufgefädelt werden, strebt sie, breit angelegt, über Dämme, weit gespannte Brücken, Viadukte und Talübergänge der Brennersenke zu. Zu ihrer Verwirklichung mußten Hügel abgetragen, riesige Dämme aufgeschüttet, Gebirgsbäche verlegt und imposante Brücken gebaut werden. Es ist verständlich, daß sich seither Techniker aus aller Welt für diese kühne und sich in die Landschaft harmonisch einordnende Konstruktion interessieren. Sie ist wie seinerzeit die von Karl von Etzel geplante und 1867 eröffnete Eisenbahnlinie Innsbruck-Bozen in die Geschichte der Technik eingegangen. Für die Brennerautobahn gab es keine Vorbilder, neue Wege der Straßenbautechnik mußten beschritten werden, ehe das gigantische Bauwerk aus Stahl und Eisenbeton in der romantischen Berglandschaft errichtet werden konnte.

Der eindrucksvollste Abschnitt der Brennerautobahn und die berühmteste der 42 Brücken ist die *„Europabrücke"*, die auf einer Länge von 820 m und in einer Höhe von 190 m die Talsohle überquert. Sie war bei ihrer Eröffnung die höchste Pfeilerbrücke der Welt.

Ein kurzes Wegstück vom Rastplatz an der Europabrücke entfernt steht die *„Europakapelle"*; sie ist dem Brückenheiligen Johannes Nepomuk und dem Patron der Autofahrer, dem hl. Christophorus, geweiht und wurde den beim Bau der Autobahn tödlich verunglückten Arbeitern als Gedenkstätte gewidmet. Nach den Plänen des Innsbrucker Architekten Hubert Prachensky erbaut, erfuhr sie durch einen Freskenzyklus des Südtiroler Malers Karl Plattner ihre eindrucksvolle künstlerische Ausgestaltung. Links sieht man Bilder vom Bau der kühnen Brücke. Die Konstrukteure beugen sich über die Pläne. Sodann folgen Bilder der Brücke und des hl. Christophorus. Unter dem unvollendeten Brückenkörper hält eine Frau einen tödlich verunglückten Bauarbeiter in ihren Armen. Rechts vom Betrachter flüchten Viehherden vor den hereinbrechenden apokalyptischen Reitern. Der Brückenheilige Nepomuk hebt bannend seine Hände gegen das Unheil. Das Bild rechts von der Kapellenwand zeigt die phönikische Königstochter Europa, wie sie von Zeus, der sich ihr in der Gestalt eines Stieres naht, entführt wird. Es folgt ein Reiterzug mit Karl dem Großen, dem ersten Wegbereiter des Europagedankens. Unter den Fahnen Tirols und Österreichs zieht eine Prozession. Szenen aus dem Aufbruch der Tiroler Freiheitskämpfer und ein Tiroler Hirtenknabe schließen den Freskenzyklus ab.

Um den stetig zunehmenden Verkehr durch das Wipptal einzudämmen, werden Politiker und Verkehrsplaner von der Bevölkerung und von Umweltexperten immer mehr bedrängt, die Untertunnelung des Alpenhauptkammes zu forcieren.

Innsbruck

580 m Seehöhe, 130.000 Einwohner

Die Landeshauptstadt Tirols, die wegen ihrer nahezu unversehrt gebliebenen 800jährigen Altstadt und ihrer einzigartigen Lage inmitten einer herrlichen Bergwelt zu den schönsten Städten der Welt zählt, entstand dort, wo der uralte Brennerweg ins Inntal mündet. *Der Name „Innsbruck" bedeutet soviel wie „Brücke über den Fluß"* (keltisch „Ine" = der Fließende). Auch heute ist die jüngste Großstadt Österreichs wichtigstes Verkehrskreuz für Schiene und Straße in den Alpen. Sie wird von der Nordkette mit dem Hafelekar (2334 m) im Norden und vom Patscherkofel (2247 m), der Saile (2404 m) sowie der Serles (2718 m) im Süden umgeben.

Zur Stadtgemeinde gehören die innere Stadt mit der Altstadt, St. Nikolaus und Mariahilf, Hötting mit der Höttinger Au und der Hungerburg, Wilten, Sieglanger/Mentlberg, Pradl, Amras mit Schloß Ambras, die Reichenau, der Saggen, Mühlau, Arzl, Neuarzl, das Olympische Dorf, Vill und Igls.

Geschichte

Schon in der prähistorischen Bronzezeit waren die Schutthügel von Hötting und Wilten besiedelt. Um Christi Geburt errichteten die Römer am Fuße des Bergisels, knapp vor dem Eingang ins Wipptal, das *Kastell Veldidena*, aus dem später das Dorf Wilten hervorging. Um 870 wurde das Kloster Wilten gegründet, das 1138 von den Prämonstratensern übernommen wurde und bis heute besteht.

Zur Gründung Innsbrucks kam es, als die bayrischen Grafen von Andechs, die einen kleinen Markt unterhalb von Hötting besaßen, auch am rechten Innufer eine Siedlung anlegten und eine Brücke über den Fluß errichteten. *1239 erhielt „Inspruke" das Stadtrecht.* Als sich durch den aufblühenden Silberbergbau der wirtschaftliche Schwerpunkt in Tirol vom Süden nach dem Norden verlagerte, wurde Innsbruck 1420 anstelle von Meran zur Hauptstadt des „Landes im Gebirge" erhoben. Dies brachte für die Stadt, die schon längst eine Drehscheibe des Fernverkehrs war, neue Impulse. Vor allem unter Herzog Friedrich IV. („Friedl mit der leeren Tasche", 1382 – 1439), Erzherzog Sigmund dem Münzreichen (1427 – 1496) und Kaiser Maximilian I. (1459 – 1519), der u.a. auch das „Goldene Dachl" errichten ließ, entwickelte sich ein glänzendes Hofleben. Damals prägte die Steinmetzfamilie Türing weitgehend das architekto-

Innsbruck gegen Patscherkofel, Serles, Habicht, Nockspitze

nische Bild der Altstadt in einem lokal-charakteristischen Stil zwischen Gotik und Renaissance.

Unter Maximilian I. wurde Innsbruck Sitz der Zentralregierung eines entstehenden Weltreichs und der österreichischen Erblande. Ihm verdankt die Stadt auch eine Sehenswürdigkeit von Weltruf: die Hofkirche mit ihren 28 „Schwarzen Mandern" in Bronze, die größte figurale Grabmalanlage des Abendlandes. Glanzvoll waren auch die Jahre unter Erzherzog Ferdinand II. (gest. 1595), der Schloß Ambras zu einem der schönsten deutschen Renaissanceschlösser umbaute und dort eines der ersten neuzeitlichen Museen ("Ambraser Sammlung") errichtete. Die Musik und das Theaterleben wurden eifrig gepflegt; am Innsbrucker Rennweg entstand der älteste feste Theaterbau im deutschsprachigen Raum. Gegenüber errichtete man 1654 ein zweites Komödienhaus, das erste Operntheater Deutschlands und Österreichs.

Als 1665 die Tiroler Linie der Habsburger erlosch, hörte Innsbruck auf, Residenzstadt zu sein. Als Ersatz wurde die Universität gegründet. Mehrmals weilte Maria Theresia in der Stadt. Sie ließ die Triumphpforte errichten und die Hofburg zu einem prächtigen Barockschloß umbauen.

1809 war Innsbruck Hauptquartier Andreas Hofers und mit dem Bergisel Mittelpunkt der Tiroler Freiheitskämpfe. Als in Wien 1848 die Revolution ausbrach, flüchtete Ferdinand I. nach dem allzeit kaisertreuen Innsbruck.

Durch die Abtrennung Südtirols an Italien nach dem Ersten Weltkrieg wurde der Wirkungsbereich der Landeshauptstadt auf Nord- und Osttirol beschränkt. Gewaltige Zerstörungen verursachten die 22 Luftangriffe während des Zweiten Weltkrieges, die vor allem der Stadt als Schnittpunkt zweier bedeutender Bahnlinien galten.

1964 und 1976 fanden in der „Stadt der Schifahrer und Bergsteiger" Olympische Winterspiele statt.

Die wichtigsten Sehenswürdigkeiten

Goldenes Dachl: Wahrzeichen Innsbrucks; spätgotischer Erker mit 2657 vergoldeten Kupferplatten, unter Kaiser Maximilian I. um 1500 als Hofloge für die Veranstaltungen auf dem damaligen Stadtplatz erbaut.

Maximilianeum: im Haus des Goldenen Dachls. Hier werden in einer kleinen Sammlung Leben und Wirken Maximilians lebendig. Höhepunkte sind das Porträt Maximilians von Bernhard Strigel und des Kaisers Totenbild.

Hofburg: Unter Erzherzog Sigmund dem Münzreichen (1439 – 1490) errichtet, im Auftrag der Kaiserin Maria Theresia neu gebaut und 1777 fertiggestellt. Prunksaal mit Ahnengalerie Kaiserin Maria Theresias, Kapelle und Schauräume.

Hofkirche (Eingang Volkskunstmuseum): 1553 bis 1563 erbaut, mit Grabdenkmal Kaiser Maximilians I., Sarkophag mit kniendem Kaiser, an den Seitenflächen 24 berühmte Marmorreliefs mit Darstellungen der Taten des Kaisers und als Totengeleit 28 überlebensgroße Bronzestatuen seiner Vorfahren und Verwandten. Bedeutendstes deutsches Kaisergrab und weltberühmte Renaissanceorgel von Jörg Ebert. Weiters die Grabmäler von Andreas Hofer und anderen Freiheitskämpfern von 1809.

Tiroler Volkskunstmuseum: Bedeutendstes Heimatmuseum des Alpenraumes. Trachten, Bauernstuben, Bauernmöbel, Krippen. Ganzjährig geöffnet.

Stadtturm: Zu Beginn des 14. Jahrhunderts als gotischer Turm erbaut, 1560 wurden Spitzdächer durch runde Hauben ersetzt.

Tiroler Landesmuseum Ferdinandeum: Reiche ur- und kunstgeschichtliche Sammlungen, Plastiken und Gemälde, größte Gotiksammlung Österreichs. Tirol-Relief im Maßstab 1:20.000. Ganzjährig geöffnet.

Stadtarchiv: Historisches Stadtmuseum mit halbjährlich wechselnden Ausstellungen.

Bergisel: Tiroler Ruhmesstätte mit Denkmal Andreas Hofers, Kapelle mit Kaiserjäger-Ehrengrab. Regimentsmuseum der Tiroler Kaiserjäger. Aussichtspavillon (Straßenbahn Linie 1). Ganzjährig geöffnet.

Kaiserschützenmuseum: Ausstellungsstücke aus dem 1. Weltkrieg.

Schloß Ambras gegen Karwendel

Rundgemälde: Monumentaldarstellung der Schlacht am Bergisel 1809 (mit Straßenbahn Linie 1 Richtung „Hungerburg"). Geöffnet vom 1. April bis 30. Oktober.

Tiroler Landeskundliches Museum im spätgotischem Zeughaus Kaiser Maximilians I. Mineralogie, Bergbau, Manufakturen, Jagd, Kartographie, Wildbach- und Lawinenverbauung, Holzarbeit, Feuerwehr, Uhrensammlung, Technikgeschichte, Musikinstrumente, alte Kutschen und Lokomotiven - Geschichte der Tiroler Freiheitskämpfe 1809. Geöffnet vom 1. Mai bis 1. Oktober.

Schloß Ambras (1529 - 1595): Kunst- und Waffensammlung, errichtet von Erzherzog Ferdinand II., Spanischer Saal. Geöffnet vom 1. Mai bis 1. Oktober täglich außer Dienstag. Parkanlagen (Straßenbahn Linie 3 Richtung Pradl oder Linie 6).

Kunstkammer der Serviten in der Maria-Theresienstr. 42.

Kunstraum Innsbruck in der Maria-Theresienstr. 34.

Museum der klassischen Archäologie: Abgußammlung antiker Kunst vom 3. Jt. v. Chr. bis 4. Jh. n. Chr. Statuen, Reliefs und Werke der Kleinkunst.

Anatomisches Museum: Skelettpräparate, Aquarelle, Ölbilder, vergleichende Anatomie von Mensch und Tier.

Glockenmuseum: Kombination aus Glockengießerei, Glockenmuseum, Klangraum und Gußschau.

Localbahnmuseum: Dokumentation der Straßen- und Lokalbahnen Tirols im alten Stubaitalbahnhof. Das Depot beherbergt historische Schienenfahrzeuge.

Alpenzoo: Ganzjährig geöffneter, höchstgelegener europäischer Zoo.

Alpenvereinsmuseum: alpine Kunst aus zwei Jahrhunderten, zahlreiche Reliefs, Beispiele der Hochgebirgs-Kartographie, alte Bergausrüstungen, Hüttenmodelle.

Helblinghaus: Ursprünglich gotisch erbaut, im frühen 18. Jahrhundert mit Rokokostukkaturen versehen.

Ottoburg: 1494 als gotischer Wohnturm an der Stadtmauer erbaut; heute gemütliches Weinhaus. Davor ein Tiroler Freiheitskämpferdenkmal.

Dom zu St. Jakob: Barockbau, um 1720 errichtet. Altar mit dem berühmten Gnadenbild von Lukas Cranach d. Älteren. Berühmtes Grabmal von Erzherzog Maximilian III. dem Deutschmeister von Caspar Gras (1620).

Leopoldsbrunnen: Rennweg. Reiterstandbild Erzherzog Leopolds V. (1619 - 1632). Nördlich der Alpen älteste, nur durch die Hinterfüße gestützte Darstellung eines Reitpferdes in der „Courbette".

Landestheater: Ehemaliges Hofopernhaus; 1844 - 1846 im Stil des Klassizismus umgebaut. 1961 - 1967 modernisiert.

Hofgarten: Konzerte, Freischach; eine der bedeutendsten Gartenanlagen nördlich der Alpen.

Annasäule: Errichtet 1706 von den Landständen zur Erinnerung an die Abwehr eines bayrischen Einfalles im Spanischen Erbfolgekrieg (1703).

Landhaus: Barockpalast. Erbaut 1725 – 1728. Sitz der Landesregierung.

Kongresshaus Innsbruck: Modernes Kongreß- und Veranstaltungszentrum. 1973 auf historischer Bausubstanz errichtet.

Rudolfsbrunnen: Errichtet 1863 zur Erinnerung an die 500jährige Vereinigung Tirols mit Österreich im Jahre 1363.

Triumphpforte: Errichtet 1765 zur Erinnerung an die Vermählung des späteren Kaisers Leopold II. Bei diesen Feierlichkeiten verstarb sein Vater, Franz I.

Basilika Wilten: Schönste Rokokokirche Tirols.

Stiftskirche Wilten: Barockbau. Daneben Chorherrenstift der Prämonstratenser, gegründet 1138. Bedeutende gotische Sammlung im Stiftsmuseum.

Im größten Fun- und Freizeitpark Westösterreichs gibt es neben zahlreichen Nebenplätzen die Fußballarena Tivoli-Neu für 17.000 Zuschauer; besonders imposant in der Anlage ist die 17 m hohe Kletterwand, auf der 40 Aufstiegsvarianten gewählt werden können.

Olympiaeishalle mit Eisschnellaufoval

Olympia-Sprungstadion am Bergisel; erbaut für die Olympischen Winterspiele 1964 und 1976. Austragungsort der jährlich stattfindenden internationalen Vierschanzentournee.

Olympia-Bobbahn in Igls.

Casino Innsbruck, Salurnerstr. 15 (Roulette, Black Jack, Poker, Baccara, European Seven Eleven, Glücksrad, Sic Bo und Spielautomaten).

Von Innsbruck über Vill – Igls – Patsch – Ellbögen nach Matrei

Der wohl reizvollste Zugang ins Wipptal ist die Straße, die von Innsbruck über *Vill, Igls, Patsch, Ellbögen und Pfons* führt und bei Matrei in die alte Brennerstraße mündet. Sie zweigt beim Eisstadion vom Innsbrucker Südring ab und verläuft zunächst stetig ansteigend entlang des Paschberges und später hoch über der Sillschlucht bis Vill (4 km). Hier erreicht sie das sonnige südöstliche Mittelgebirge, das sich am Fuße des Patscherkofels und Glungezers, der beiden berühmten Innsbrucker Hausberge, ausbreitet. Nur noch 1,5 km sind es bis zum höhergelegenen Igls (860 m), das wegen der schönen landschaftlichen Lage und dem vorzüglichen Klima internationalen Ruf genießt. Noch immer steigt die Straße an, führt etwa 2 km lang durch den schönen Igler Fichtenwald und mündet nahe dem traditionsreichen Hotel „Grünwalderhof" in die uralte „Salzstraße", die von Hall i. T. über Ampaß, Aldrans und Lans heraufführt. Weiter geht die Fahrt auf der eine herrliche Aussicht bietenden, jedoch kurvenreichen und daher nicht allzu stark befahrenen sogenannten „Ellbögener Straße" über Patsch, St. Peter in Ellbögen, Mühltal und Pfons nach Matrei. Immer wieder erinnern behäbige alte Wirtshäuser an den ehemaligen regen Fuhrwerksverkehr. Nach dem Überqueren der Sill mündet sie in die ebenfalls von Innsbruck heraufführende alte Brennerstraße ein.

Diese war bis zum Bau der Autobahn neben der Eisenbahnlinie die wichtigste Verkehrsader durchs Wipptal. Sie nimmt ihren Ausgang im Innsbrucker Stadtteil Wilten zwischen der barocken Stiftskirche der Prämonstratenser und der Wallfahrtskirche Unsere Liebe Frau unter den vier Säulen, die als die schönste Rokokokirche Tirols gerühmt wird. Sanft steigt die Autostraße westlich des im Tiroler Heldenjahr 1809 heißumkämpften Bergisels bis zum Sonnenburgerhof empor. Die etwa 2½ km lange Panoramastrecke bietet einen einmaligen Blick auf die Olympiastadt Innsbruck. Hinter dem Sonnenburgerhof biegt die Brennerstraße ins Wipptal ein, und bald danach zweigt rechts die Zufahrt nach Mutters und Natters ab, die am Rande des landschaftlich reizvollen südwestlichen Mittelgebirges von Innsbruck liegen. Die beiden besonders gepflegt wirkenden Dörfer kann man aber auch mit der Stubaitalbahn erreichen, einer „alpinen Straßenbahn", die Innsbruck mit Fulpmes verbindet.

Die Iglerbahn

(Dipl. Ing. Manfred Fleiss – Gründer der Tiroler Museumsbahnen)

Eine Fahrt mit dieser „Straßenbahn im Walde" bietet dank ihrer Streckenführung ein Erlebnis besonderer Art: Von der Innenstadt ausgehend, vorbei am historischen Zentrum des Stadtteiles Wilten mit seinen prägenden Kirchenbauten, müht sich die Bahn in weiten Schleifen durch einen romantischen finsteren Wald aufwärts und gibt dann überraschend den Blick auf die weiten Wiesen des östlichen Mittelgebirgsplateaus mit seinen kleinen Seen und hübschen Dörfern frei. Dieses Abenteuer läßt sich noch durch eine Fahrt auf den offenen Plattformen der kleinen Beiwagen von 1900 steigern, welche seit wenigen Jahren wieder als besondere Attraktion während der Sommermonate planmäßig verkehren.

Am 26. Juni des Jahres 1900 begann festlich der Betrieb der damaligen „Innsbrucker Mittelgebirgsbahn" mit drei 180 PS starken bei Krauss in Linz gebauten Tender-Dampflokomtiven, die fünf bis sechs vollbesetzte Personenwagen ziehen konnten.

Erste Bahnpläne kursierten wegen des aufkeimenden Fremdenverkehrs bereits 1877. Anton von Silberhuber erhielt 1890 eine Vorkonzession für eine Zahnradbahn von Innsbruck über Igls bis auf den Patscherkofelgipfel. Der Bauunternehmer Hermann Ritter von Schwind projektierte eine Linie über Ampass, Aldrans und Lans nach Igls. Angesichts verheerender Dorfbrände in Aldrans und Igls im Jahre 1898 lehnten die Gemeindeväter eine dampfbetriebene Bahn durch besiedeltes Gebiet ab. Daraufhin führte die Stadt Innsbruck die heutige Trasse vom bekannten Tiroler Bahnprojektanten Dipl.-Ing. Riehl aus, welche kein Siedlungsgebiet berührt und 600 m vor dem Ortskern von Igls endet. Die 8,4 km lange Bahnlinie überwindet bei einer Maximalsteigung von 4,6 % eine Höhe von 271,5 m. Auf halber Stecke befindet sich die Ausweichstation Tantegert. Sie erinnert an den im Fischereibuch Kaiser Maximilians angeführten „Tantegertsee", wo sich eine Fischzuchtanlage befand. 1580 wurde er ausgefischt und leer gelassen. Heute befindet sich dort eine sumpfige Wiese.

In den ersten 12 Betriebsjahren war der Verkehr auf die Zeit vom 1. April bis 30. September beschränkt, es gab jedoch von der Salinenestadt Hall bis Igls durchlaufende Kurswagen.

Anfangs bescherte der Erste Weltkrieg durch ausbleibende Feriengäste einen erheblichen Beförderungsrückgang, dieser wurde später durch Lazarettzüge zu Außenstellen des Garnisonsspitals Pradl in Igler Hotels mehr als wettgemacht. Nach Kriegsende sorgten sogenannte Hamsterfahrten der hungernden Stadtbevölkerung in die umliegenden Landgemeinden für überfüllte Züge. Aufgrund der schlechten Kohlequalität blieben die Dampflokomotiven gelegentlich in der Steilstrecke hängen, und die Fahrgäste wurden aufgefordert, im Wald Holz zur Befeuerung zu sammeln.

1921 ermöglichte ein 457 m langes Anschlußgleis ins Viller Moor den Abtransport von Torf, welcher in der Notzeit nach dem Ersten Weltkrieg als Brennstoff dienen mußte.

Die Ruß- und Rauchbelästigung der Fahrgäste durch die aufwärts keuchenden Dampflokomotiven verstärkte den Ruf nach einer Elektrifizierung der Strecke, welche wegen Geldmangels erst 1936 realisiert werden konnte. Von nun an bis 1981 zogen die mächtigen, bereits seit 1909 auf der Linie nach Hall verkehrenden Lokalbahntriebwagen meist 4 kleine Originalbeiwagen. Der Wintersportverkehr nach Eröffnung der Patscherkofel-Seilbahn im Jahre 1928 und der Bäderverkehr zu den Seen im Sommer sicherten der Bahnlinie seither das Leben. Ihre Stilllegung drohte 1967 nach dem Baubeschluss der Autobahn-Südtangente und 1986 wegen immer schlechterer Betriebsergebnisse. 10.000 Unterschriften gegen die Einstellung und gezielte Werbemaßnahmen für die einzigartige Straßenbahnlinie seitens der Innsbrucker Verkehrsbetriebe ermöglichen seither ihre Weiterfahrt.

An der Bahngeschichte besonders Interessierten sei das Localbahnmuseum am alten Stubaitalbahnhof in Innsbruck empfohlen. Dort findet der Besucher neben allen übrigen Lokalbahnen aus Nord- und Südtirol auch die Igler Bahn anhand von Schautafeln mit Fotos sowie technischen und historischen Daten anschaulich dokumentiert, dazu können Güter- und Beiwagen im Originalzustand von 1900 bewundert werden.

Vill

817 m Seehöhe, 600 Einwohner

Vill bei Innsbruck mit Serles und Habicht/Stubaier Alpen

Das kleine, malerische Dorf Vill am Waldrand des Paschberges wurde ebenso wie das höhergelegene Igls, von dem es durch einen breiten Wiesengürtel getrennt ist, 1942 mit Innsbruck vereinigt und ist seither keine selbständige Gemeinde mehr. Es liegt in einer Mulde des Mittelgebirges auf uraltem Siedlungsboden. Zwischen 1939 und 1949 wurden auf dem unmittelbar östlich über dem Dorfkern gelegenen *„Kreit"- oder „Goarmbichl"* die Reste einer rätischen Siedlung aus der La-Tène-Zeit (500 - 450 v.Chr.) ausgegraben und 1977 als kleines *Freilichtmuseum* zugänglich gemacht. Germanische Kimbern haben die rätische Siedlung 113 - 102 v. Chr. zerstört. Im 2. - 4. Jh., in römischer Zeit, erfolgte die Wiederbesiedlung. Vom 7. bis zum 9. Jh. wurden auf dem Bichl germanische Reihengräber angelegt.

Vill wird 1251 erstmals urkundlich genannt. Auf einem bewaldeten Hügel unterhalb vom Dorf stand früher die *Burg Straßfried*, die im 17. Jahrhundert dem Verfall preisgegeben wurde. Ihre letzten Reste sind 1970 eingeebnet worden.

Das Viller Moor

Das abseits von jedem Verkehr idyllisch gelegene Viller Moor war einst ein See, der dem Prämonstratenserstift Wilten gehörte. Graf Heinrich von Tirol hatte das ergiebige Fischwasser mit dem Lanser See den „weißen Mönchen" als Abgeltung für die Kosten übergeben, die das Stift anläßlich der Vermählung des Landesfürsten mit Beatrix von Savoyen aufbringen mußte. Nach der Aufhebung des Klosters Wilten verkaufte 1808 die bayrische Regierung den See an die Gemeinde Vill, die ihn trockenlegte und als Mähder unter ihre Gemeindemitglieder verteilte. In den letzten Jahren wurde gelegentlich das Projekt eines neuen Viller Sees erörtert. Da dieses Gebiet der Kältepol des Mittelgebirges zwischen Patsch und Lans und stark dem Ostwind ausgesetzt ist, wäre der neue See jedoch klimatisch ungünstig gelegen. Hinter dem ehemaligen Damm, der die beiden Seen einst voneinander trennte, liegt der Lanser See.

Sehenswürdigkeiten

Ein kostbares Juwel ist die dem *hl. Martin von Tours* geweihte *Pfarrkirche.* Presbyterium, Turm und Hauptportal der 1397 erstmals genannten Kirche stammen aus der Gotik, das pavillonartig verbreiterte Kirchenschiff sowie die Innenausstattung aus der Zeit des Rokoko. Die Deckenbilder des Axamers Franz Xaver Kirchebner (1730 - 1815), die das Leben des hl. Martin darstellen, und prächtige Rokokostuckaturen prägen den wohlproportionierten Innenraum. Das Hochaltarblatt „Christus erscheint dem hl. Martin" stammt von Matthias Pußjäger (1654 - 1734). Qualitätsvoll sind die Statuen am Hauptaltar, das linke Altarblatt (Himmelfahrt Mariens von Franz Haller aus der zweiten Hälfte des 18. Jahrhunderts), die Rokokokanzel, der barocke Ecce-Homo und die eindrucksvollen Kreuzwegbilder von Ignaz Milldorfer (1730).

Dem gut erhaltenen bäuerlichen Ortskern verleihen einige *Mittertennhöfe* ein besonders schönes ländliches Gepräge.

Über dem Dorf liegt inmitten des Waldes der nach den Plänen von Architekt Baurat Alfred Stegner und Ingenieur Paul Illmer umgebaute *Grillhof,* das Volksbildungsheim des Landes Tirol. Er wurde anläßlich des Jubiläumsjahres 1959 im Gedenken an die Ereignisse von 1809 errichtet und dient der Erwachsenenbildung. Urkundlich wird der Grillhof erstmals 1241 erwähnt. Im 16. Jahrhundert gehörte er der schönen Landesfürstin Philippine Welser, die ihn als Sommerjagdsitz benützte. Zur Zeit der Tiroler Freiheitskriege 1809 war das Gelände des Grillhofes eine der wichtigsten Ausgangsstellungen zur Befreiung des Landes. Der letzte Eigentümer, Dr. Alfred von Tschurtschenthaler, widmete ihn 1931 testamentarisch einem gemeinnützigen Zweck. Schließlich ging er 1959 teilweise in den Besitz des Landes Tirol über.

Ein besonderes Denkmal der Tiroler Gegenwartskunst ist die von Josef Staud aus Mils gestaltete Kapelle des Grillhofes. Schlicht und streng wirkt die große Kreuzigungskomposition an der Stirnwand. Acht Buntglasfenster stellen die acht Seligkeiten der Bergpredigt dar. Auch der wuchtige, schwere Tabernakel aus Bronze, die Leuchter und die Ambone mit den Symbolen der vier Evangelisten stammen vom selben Künstler.

Ein großes Wandmosaik vom akademischen Maler Norbert Strolz aus Landeck in der lichten Eingangshalle versinnbildlicht eine Aufforderung aus dem Epheserbrief: „Es ist Zeit, vom Schlafe aufzustehen." Die Stirnwand des Speisesaales schmückt ein Fresko des Malers Elmar Kopp aus dem Jahre 1988 zum Thema „Abendmahl".

In den einzelnen Räumen, Zimmern und Lehrsälen befinden sich Bilder namhafter Tiroler Künstler (Luis Bauer, Fritz Berger, Hans Tiefenthaler, Karl Plattner, Franz Pöhacker, Helmut Rehm, Josef Staud, Norbert Strolz, Max Weiler, Raimund Wörle u. a.), ebenso haben Künstler aus dem Bereich der ARGE Alp die Möglichkeit, in der Galerie am Grillhof ihre Exponate vorzustellen.

Im Haus Grillhofweg 16 befindet sich die Provinzleitung der Schwestern vom Guten Hirten. Von 1955 bis 1992 betreuten die Schwestern hier ein Heim für schwangere Frauen und Mütter mit Kleinkindern, die in ausweglose Situationen geraten waren. Auch Säuglinge und Kleinkinder ohne Mutter wurden aufgenommen und betreut. Dieses „Haus des Lebens" wurde 1992 nach Völs verlegt.

Freizeitmöglichkeiten, Ausflüge und Wanderungen siehe Igls.

Igls

860 m Seehöhe, 2.107 Einwohner

Igls

Obwohl Igls durch den etwa 4 km breiten Wald- und Wiesengürtel des Paschberges und des Mittelgebirges von der Landeshauptstadt getrennt ist, wurde es ebenso wie Vill 1942 mit Innsbruck vereinigt. Trotz der Eingemeindung, welche die geographischen Gegebenheiten im östlichen Mittelgebirge nicht berücksichtigt, hat die Ortschaft am Fuße des Patscherkofels ihren unverkennbaren Charakter als einst weltbekannter Nobelkurort weitgehend beibehalten. Die wiesenreichen Hochflächen des Mittelgebirges, die ausgedehnten Wälder, das prächtige Gebirgspanorama sowie ein angenehmes Klima machen Igls zu einem Kurort für Gesunde und Genesende. Ein Kleinod besonderer Art ist der am sogenannten „Girgl" bestehende *Kurpark*. Früher stand hier das alte Kurhaus, das zeitweise auch als Spielcasino diente; daneben befand sich ein kleines Schwimmbad. 1965 wurde nach den Plänen von Hubert Prachensky ein kleines *Kongreßhaus („Congress Igls")* erbaut. Mit Sälen für insgesamt 400 Personen bietet „Congress Igls" optimale Voraussetzungen für wissenschaftliche Tagungen, Präsentationen und Firmenschulungen. Hier finden auch Konzerte, Vorträge, Filmvorführungen, Ausstellungen jeglicher Art und Brauchtumsabende statt.

Geschichte

Es ist bisher nicht gelungen, den Ortsnamen Igls einwandfrei zu deuten. Einige Forscher leiten ihn von einer unbekannten vorrömischen Sprachwurzel, andere von den lateinischen Wörtern „monticulus" (von Hügeln umgebenes Bergland), wieder andere von „ecclesia" (Kirche) ab. Vielleicht war der Vogt Eigilis (11. Jahrhundert) vom Kloster Tegernsee, das in Igls Besitzungen hatte, Namensgeber. Aber auch die Ableitung von St. Ägydius, dem Kirchenpatron, wäre möglich.

Die ersten Siedlungsspuren reichen zurück bis in die La-Tène-Zeit (nach den Ausgrabungen von La-Tène, einer Untiefe im Neuenburger See in der Schweiz, benannte vorgeschichtliche Kulturepoche der Jüngeren Eisenzeit). Zum erstenmal taucht der Ortsname 1250 auf, und zwar im ältesten Urbar (= Grundstücks- und Abgabenverzeichnis) des bayrischen Stiftes Tegernsee, welches wie das Kloster Wilten hier begütert war. Im 13. und im 14. Jh. wird immer wieder die *Hohenburg*, die auf einem kleinen Hügel südlich des Lanser Sees liegt, genannt. Um 1650 soll an der Ellbögener Straße (= Salzstraße) bei einer inzwischen versiegten schwefelhaltigen Quelle das Badhaus errichtet worden sein. Während der Napoleonischen Kriege bewährte sich vor allem der aus Igls stammende *Paul Hilber*, der 1809 als Hauptmann die Sonnenburger Scharfschützen am Paschberg und am heißumkämpften Lemmenhof anführte. An ihn erinnert heute noch die Hilberstraße. Ein schwarzer Tag in der Geschichte des Ortes war der 28. August 1883, an dem ein *verheerender Brand* 14 Häuser einäscherte und die Kirche schwer beschädigte.

Schon längst hatte sich das liebliche Dorf im Mittelgebirge zum Luftkurort entwickelt. Denn bereits 1837 schrieb der Benediktinerpater Beda Weber, einer der Altmeister der Tiroler Volks- und Heimatkunde, daß Igls „von den Einwohnern der benachbarten Stadt Innsbruck zur Landlust" gerne aufgesucht wird. Der eigentliche Begründer des Kurortes war der Innsbrucker Kaufmann *Michael Obexer*, an den eine Gedenktafel am Postgebäude erinnert. Eine starke Belebung erfuhr der Fremdenverkehr durch den Bau der Mittelgebirgsbahn (1900) und der Seilschwebebahn auf den Patscherkofel (1928). 1964 und 1976 war Igls Austragungsort der Olympischen Winterspiele (Abfahrtslauf der Herren, Bob- und Rodelwettbewerbe).

Sehenswürdigkeiten

Die Pfarrkirche zu Ehren des hl. Einsiedlers und Abtes Ägidius: Der hl. Ägidius war ein vornehmer Athener, der aus Liebe zur Einsamkeit seine Heimat verließ und um 680 mit Hilfe eines Westgotenkönigs vor der Rhonemündung in der Provence das Kloster St. Gilles gründete und diesem dann als Abt vorstand. Dargestellt wird der Heilige meist als Einsiedler in einer Höhle; er wird von einer Hirschkuh begleitet. Ägidius wird als Beistand einer guten Beichte sowie Vergebung und als einer der 14 Nothelfer verehrt. Er ist Patron der Jäger, des Viehs, der Hirten, stillenden Mütter, Bettler und Aussätzigen. Manche rufen ihn bei Dürre, Feuer, Sturm, Unglück, Menschenfurcht und in seelischer Not an.

Die Kirche in Igls wird schon 1286 urkundlich erwähnt, 1479 geweiht und um 1700 barockisiert. Nach dem verheerenden Brand von Igls mußte 1883 der Turmhelm erneuert werden. 1777 schuf der in Innsbruck als Hofmaler tätige Josef Schmutzer d. J. die Deckengemälde (Darstellung des Herrn im Tempel, Vierzehn Nothelfer in der himmlischen Glorie, hl. Ägidius in der Eremitage). Der Welschtiroler Johann Lampi d. Ä., einer der bedeutendsten österreichischen Porträtisten seiner Zeit, schuf 1781 zu Ehren des Kirchenpatrons das schöne Altarblatt. Die Seitenstatuen stellen die hll. Blasius und Erasmus dar. Qualitätsvoll sind die Rokoko-Seitenaltäre mit Altarblättern von Josef Arnold (Taufe Christi) und eine Kopie nach Leopold Kupelwieser (Maria Immaculata). Reliefs und Putti schmücken die Rokokokanzel. Bemerkenswert sind auch eine Ecce-Homo-Statue aus der zweiten Hälfte des 17. Jahrhunderts, die gotischen Holzplastiken der vier Evangelisten sowie die anmutigen Malereien der Orgelbrüstung (König Rudolf von Habsburg überläßt einem Priester mit dem Allerheiligsten sein Pferd, die Muttergottes als gute Hirtin und der hl. Hubertus). Die schöne Orgel überrascht durch die Frische ihres Klanges. Seit 1952 werden während der Monate Juni bis September jeden Sonntag Kirchenkonzerte gegeben, die von Chören, Vokal- und Instrumentalsolisten gestaltet werden. Seit 1965 finden jeden Donnerstag um 20.30 Uhr Orgelkonzerte mit namhaften Interpreten statt.

Die *Totenkapelle* birgt ein eindrucksvolles spätgotisches Kreuzigungsfresko sowie Anrufungen Gottes in einer cyrillisch anmutenden Geheimschrift.

Auf einem niedrigen Hügel im Süden der Lanser Straße liegt die seit der Mitte des 14. Jahrhunderts nachweisbare *Hohenburg*, die einst von einem kleinen See umgeben war; seine Geländespuren sind heute noch zu erkennen. Kaiser Max hielt sich hier öfters auf, wenn er im Mittelgebirge dem edlen Weidwerk und dem Fischfang nachging. Im Jahre 1568 schenkte sie Erzherzog Ferdinand II. seiner schönen Gattin Philippine Welser. Seit dem 17. Jh.

verfiel die Hohenburg immer mehr zur Ruine. Ab 1649 wechselten in rascher Folge mehrere adelige Besitzer. Erst 1877 hat sie Dr. Othmar Riccabona von Reichenfels unter Verwendung des vorhandenen Mauerwerkes in der jetzigen Gestalt wieder errichtet. Dabei war er bestrebt, den ursprünglichen Charakter der mittelalterlichen Anlage weitgehend zu bewahren. 1898 kam die Hohenburg in den Besitz der aus Paderborn stammenden Familie von Ficker, aus der mehrere bedeutende Persönlichkeiten hervorgegangen sind. In der Folge weilten viele Künstler und Wissenschaftler aus ganz Europa als willkommene Gäste auf der Hohenburg, so u.a. der feinsinnige Lyriker Georg Trakl und der französische Komponist Eugène d'Albert, der hier an seiner Oper „Tiefland" arbeitete. Ein Mitglied der Familie, Ludwig von Ficker, war Gründer der in Tirol wichtigen Zeitschrift für Kunst und Kultur „Der Brenner" sowie Förderer Georg Trakls. Heute gehört die Hohenburg der Familie Magis, welche die Burg mit großem Einsatz geschmackvoll restaurieren ließ.

Südlich des Ortes, inmitten des herrlichen Fichtenwaldes, liegt die *Taxburg*, die aus einer Vogeltenne und einer Leimstatt hervorgegangen ist. Auf der ersten fing man die Vögel mit Netzen, auf der zweiten mit Leimruten. Die Taxburg, die einst der Familie Thurn-Valsassina und Taxis gehörte, wurde 1790 zu einem langgestreckten barocken Gartenhaus umgebaut.

Der Goldbühel, ein prähistorischer Fundplatz

Im Süden von Igls, hoch über dem einstigen Grünwalder Weiher, ragt der dicht bewaldete Goldbühel empor. Eigentlich müßte er wohl Galtbühel heißen, denn früher war er die Waldweide für das junge, noch nicht Milch gebende Vieh, eben das Galtvieh. Schon lange vermuteten Archäologen, daß der Hügel bereits in vorgeschichtlicher Zeit besiedelt war. Die nunmehr seit 1995 durchgeführten Grabungen ergaben, daß die ganze Hügelgruppe um den Goldbühel in vorgeschichtlicher Zeit von Menschenhand zur Errichtung einer gewaltigen Kultanlage mit einem doppelhufig angelegten Brandopferplatz umgestaltet wurde. Dabei entstanden mehrere künstliche Terrassen und große Wallkonstruktionen, wofür beachtliche Erd- und Gesteinsmassen bewegt werden mußten. Nach dem derzeitigen Grabungsstand befand sich auf dem Goldbühel neben einigen Siedlungsbauten der *älteste bisher entdeckte Brandopferplatz Mitteleuropas*. Seine ältesten nachweisbaren Spuren sind in der Frühbronzezeit (um 1900 v. Chr.) zu datieren. Die Kultanlage wurde bis ins 1. Jh. v. Chr. von der hier lebenden Bevölkerung genutzt und wahrscheinlich während des Kriegszuges des römischen Feldherren Drusus im Jahre 15 v. Chr. zerstört.

Ein Waldweg zum Goldbühel ist als Archäopfad ausgeschildert.

Gesundheitsaufenthalt in Igls

In den letzten Jahren versuchte Igls in verstärktem Ausmaß, seine Tradition als „Kurort" wiederzubeleben. So wurde u.a. das ehemalige „Parkhotel" zu einem Gesundheits- und Fitneß-Tempel umgestaltet. Bei der vom Ertel-Verlag, dem Herausgeber des Buches „Gesund in Österreich", veranstalteten Wahl der „Top Ten von Österreich" erhielt dieser Betrieb „Die goldene Hygieia 1999" und durfte sich ein Jahr lang als „Gesundheitshotel der Jahres" bezeichnen. Die Kuranstalt liegt in einem 17.000 m^2 großen Park und verfügt über ein modernst eingerichtetes medizinisches Zentrum im Rahmen der „Neuen F. X. Mayr-Kur". Ergänzt wird das Angebot durch ein hauseigenes Institut für kosmetische Gesundheitspflege, eine Bio-Sauna, Dampfbäder, Solarium, Fitneß-Raum und Hallenbad.

Außerdem entstand vor einigen Jahren das „Ganzheitsmedizinische Zentrum Igls", in dem erstmals in Österreich in Ergänzung zu Klinik und ambulanter Nachsorge in einem medizinisch vollständig adaptierten Viersternehotel eine stationäre Anschlußheilbehandlung für Krebspatienten ermöglicht wird.

Freizeitmöglichkeiten

Schwimmen und Rudern am Lanser See, öffentlich zugängliche hoteleigene Frei- und Hallenbäder, Sauna, Tennisanlage mit Flutlicht, Tennishalle, Golf (in nächster Nähe von Igls der 9-Loch-Platz Sperberegg; 18-Loch-Meisterschaftsplatz in Rinn; Driving-Range sowie Zielgolfanlage bei der Seilbahn), Minigolf beim Lanser See, Schach, Gästekindergarten, automatische Kegel- und Bocciabahnen im Kurzentrum, Lesesaal, *Reit-Arena Igls* mit Turnierhalle, einem Stall mit 40 Pferdeboxen; Reiten für jeden: Kinder, Erwachsene, Neueinsteiger, Wanderreiter, Dressur und Springen, Reiten für Behinderte, Hippotherapie, 30 km eigens abgesicherte Reitwege, Kutschenfahrten, internationale Reitturniere, Reitstall, Fahrradverleih, Hochlagen-Lehrpfad Zirbenweg, Alpengarten am Patscherkofel, organisierte Bergwanderungen, Waldläufe und Gymnastikkurse; Seilbahn auf den Patscherkofel. Kirchenmusikalische Weihestunden und Orgelkonzerte in der Pfarrkirche Igls.

Wanderungen und Ausflüge

- Vom Kurpark nach Patsch mit schönen Ausblicken auf das Karwendel- und Wettersteingebirge, auf die Stubaier Alpen und ins Wipptal: 1 Std.; Rückweg über den Grünwalderhof und das Naturschutzgebiet Rosengarten: 1 Std.;
- bis zum südöstlich von Igls gelegenen Badhaus (20 Min.), dann den Speckbacherweg entlang (von St. Peter/Ellbögen über Patsch, Sistrans und Rinn bis nach Tulfes);
- von der Talstation der Patscherkofelbahn durch den Ullwald zum Lanser See, von dort, mäßig ansteigend, auf den Lanser Kopf und über den Paschberg hinunter nach Innsbruck (Bergisel-Brücke): 1½ Std.;
- vom Fernkreuzweg nach Vill, hinunter nach Gärberbach und durch die Sillschlucht bis Innsbruck: 2 Std.;
- beim Hotel „Batzenhäusl" durch den Ullwald nach Lans: ¾ Std.;
- Waldsteig zum Goldbühel mit Blick auf Patsch und die Stubaier Alpen: ½ Std.;
- Waldweg über Pfarrerbrünnl und Rosenhügel nach Patsch:1 Std.;
- Waldweg nach Innsbruck über Vill und den Grillhof: 1½ Std.;
- Wanderweg zur Wallfahrtskirche und zum ganzjährig bewirtschafteten Gasthof „Heiligwasser" (1234 m): 1 Std.;
- Über Heiligwasser und Lanser Alm (1718 m) auf guten Forstwegen zur Bergstation der Patscherkofelbahn (1960 m): 3½ Std.

Rauhreif bei Vill

Winter: 30 km geräumte Spazierwege erschließen das Mittelgebirge (besonders zu empfehlen die Wanderwege nach Patsch, nach Lans durch das Viller Moor und der Höhenwanderweg am Patscherkofel); Langlaufen: geboten werden Schneegarantie und kostenloser Bustransfer, 12 Langlaufgebiete mit 500 km Loipen in näherer Umgebung stehen zur Auswahl; Höhenloipe Patscherkofel, Seilschwebebahn und 4er Sesselbahn auf den Patscherkofel, mehrere Schlepp- und Sessellifte; Eislaufen, 3 km lange, leicht zu befahrende Naturrodelbahn von Heiligwasser, Kutschen- und Rodelausfahrten, Reiten, Hallenbäder, Sauna, Tiroler Abende.

Igls ist schon seit vielen Jahren Zentrum für den Bob-, Rodel- und Skeleton-Sport in Österreich. Die 1270 Meter lange Kunsteisbahn wurde für die Olympischen Spiele 1976 erbaut. 14 Kurven und eine Höhendifferenz von ca. 100 Metern sind die Merkmale des Igler Eiskanals, auf dem laufend hochkarätige Bewerbe ausgetragen werden. Eine Attraktion besonderer Art sind die Gästebobfahrten im Winter. Jeder interessierte und mutige Gast kann mit einem erfahrenen Lenker und Bremser eine rasante Bobfahrt erleben.

Heiligwasser

Ein mäßig ansteigender Waldweg führt von Igls in etwa 3/4 Std. zur beliebten *Marienwallfahrt Heiligwasser* (1240 m) am Nordhang des Patscherkofels. Die weithin sichtbare schöne barocke Wallfahrtskapelle und der Gasthof sind auch mit der Patscherkofelbahn erreichbar. Von der Mittelstation aus benötigt man nur eine Viertelstunde bis zum idyllisch gelegenen Gnadenort. Eine Marmortafel an der Vorderseite des Gasthauses erinnert an den Besuch Kaiser Franz Josefs, der während des Revolutionsjahres 1848 als Achtzehnjähriger mit seinem Bruder Maximilian, dem späteren Kaiser von Mexiko, anläßlich einer Bergtour hier einkehrte.

Von der sonnig gelegenen Terrasse vor dem Gasthof genießt man eine wunderschöne Aussicht auf das Mittelgebirge, die Mieminger Kette, auf das Oberinntal und die Nordkette. Daneben lädt die kleine, im 17. Jahrhundert zu Ehren „Unserer Lieben Frau vom Heiligen Wasser" erbaute Kirche zum Gebet ein. An der Außenwand erzählt ein Fresko die Entstehungsgeschichte des Gnadenortes: Als zwei Hirtenknaben aus Igls im Jahre 1606 an den bewaldeten Hängen des Patscherkofels verzweifelt nach sechs vermißten Kühen suchten, erschien ihnen nahe einer Quelle, die damals „Butterbrünnlein" hieß, die Gottesmutter mit dem Jesukind. Sie zeigte ihnen die Rinder und äußerte den Wunsch, man möge hier ein Kirchlein errichten. Doch erst Jahre später erinnerte sich einer der beiden an sein Versprechen, den Auftrag Mariens zu erfüllen, als an derselben Stelle das taubstumme Kind seines Nachbarn auf wunderbare Weise geheilt wurde und sprechen konnte. Die ersten Worte, die es sprach, waren: „Gegrüßt seist Du, Maria!" So erbaute man eine schlichte Kapelle, die 1665 durch das heutige Kirchlein ersetzt wurde. Das *Gnadenbild*, eine gotische Madonna mit Kind, stammte aus dem Stift Wilten; es wurde 1971 gestohlen. Die heutige Altarfigur ist eine vom Axamer Bildhauer Hans Falkner geschickt angefertigte Kopie. Hans Andre schuf 1946 die schönen Deckengemälde (Dreifaltigkeit, Kreuzabnahme, Verkündigung, Geburt Mariens). In der Seitenkapelle steht ein weißer Marmoraltar mit einem Altarblatt zu Ehren der hl. Ottilie, der Patronin der Augenkranken. Neben dem Haupteingang der Kirche plätschert noch immer der Brunnen, welcher der Wallfahrtsstätte den Namen Heiligwasser gab.

Zur Wallfahrt Heiligwasser führten ursprünglich mehrere Kreuzwege, deren Stationen heute nur zum Teil erhalten sind. Von den zehn Kapellen, die einst den Weg von Igls nach Heiligwasser säumten, bestehen nur noch fünf. Sie wurden 1954 von F. Krautgasser mit neuen Bildern aus dem Leben der Muttergottes geschmückt.

Die wichtigsten Wallfahrtstage sind 1. Mai, 2. Juli (Maria Heimsuchung), 5. August (Maria Schnee, Patrozinium), die Bittage und die goldenen Samstage im Oktober. Kirche und Gasthof gehören dem Prämonstratenserstift Wilten.

Der Patscherkofel

Im Süden von Igls erhebt sich der 2248 m hohe Patscherkofel, einer der bekanntesten Gipfel der Tuxer Voralpen. Der Name des Innsbrucker Hausberges ist dank der Olympischen Winterspiele der Jahre 1964 und 1976 in aller Welt bekannt geworden. Früher nannte man ihn wegen seines reichen Bestandes an Zirben, die im Volksmund „Zurschen" heißen, den Zurschenberg.

Schon im 16. Jahrhundert diente der herrliche Aussichtsberg den Innsbrukkern als Ausflugsziel. Noch vor einhundert Jahren galt der Aufstieg über den schmalen Fußsteig, der von Igls über Heiligwasser auf den Kofel führte, als durchaus gefährlich. Den Gästen wurde empfohlen, zur Besteigung einen Führer zu mieten. 1888 erbaute man auf der Nordseite des Kofels ein Schutzhaus, das nach Kaiser Franz Josef, der während des Revolutionsjahres 1848 den Berg bestiegen hatte, benannt wurde. Lange Jahre hindurch mußte eine verhältnismäßig hohe Hütten-Eintrittsgebühr (nach der heutigen Währung etwa 50 Schilling) entrichtet werden. Als um die Jahrhundertwende in Tirol der Schisport aufkam, wurde der Berg auch im Winter bestiegen. Der legendäre *Schipionier Oberst Georg Bilgeri*, der Initiator der Alpin- und Schiausbildung

Winter am Patscherkofel, gegen Stubaier Alpen

der österreichischen Armee, veranstaltete nach dem Ersten Weltkrieg auf dem Patscherkofel gut besuchte Schikurse. Westlich des Patscherkofelschutzhauses erinnert ein schlichtes Denkmal an Bilgeri, der hier 62jährig während eines Schikurses starb (1934). Auch eine Straße in Igls ist nach ihm benannt.

Der Berg wurde immer populärer, und immer häufiger erörterte man Pläne für den Bau einer Aufstiegshilfe. So gab es schon 1890 den Plan, eine Zahnradbahn von Innsbruck über Amras und Igls auf den Patscherkofel zu errichten. Auch der geniale Planer und Erbauer mehrerer Tiroler Lokalbahnen, der in Bozen 1842 geborene und 1917 in Innsbruck verstorbene Ing. Josef Riehl, beschäftigte sich 1903 intensiv mit dem Projekt einer Seilbahn, die vom Lansersee über den Grünboden auf den Patscherkofel führen sollte. Aber erst zehn Jahre nach dem Ende des Ersten Weltkrieges konnte 1928 die noch heute bestehende *Seilbahn*, die von Igls über die Mittelstation Heiligwasser auf den Patscherkofel führt, errichtet werden. 1962 wurde sie gründlich renoviert. (Talstation: 900 m, Mittelstation: 1150 m, Bergstation: 1960 m, Bahnlänge: 3738 m, Höhenunterschied: 1047 m).

Prachtvoll ist die Aussicht, die man von der Bergstation und dem 1929 eröffneten Patscherkofel-Berghotel genießt. Tief unten liegen die Mittelgebirgsterrasse, das Inntal und die Stadt Innsbruck. Weit schweift der Blick über die Nordkette und über die Eisriesen der Stubaier bis zur Zugspitze im Nordwesten.

Noch umfassender ist der Rundblick von der Gipfelkuppe, die mit dem Sessellift oder nach einem einstündigen Aufstieg von der Bergstation aus erreicht werden kann.

Durch umfangreiche Investitionen beachtlich aufgewertet wurde in den letzten Jahren der Kofel für den Wintersportler. Leistungsstarke *Beschneiungsanlagen*, für die nur Wasser und Strom verwendet werden, gewährleisten Schneesicherheit bis ins Frühjahr hinein. So können die verschiedenen Pisten und Skirouten, wie z.B. die 4,7 km lange Olympiaabfahrt, auf der auch Weltcup-Rennen ausgetragen werden, bestens präpariert werden und laden Anfänger und Könner zum ungetrübten Ski- und Boardervergnügen ein. Seit der Inbetriebnahme des *„Olympia-Express"* im Jahre 2000 gibt es für den Wintersportler auch kaum noch Wartezeiten bei den Aufstiegshilfen am Patscherkofel. Die kuppelbare 1881 m lange 4er Sesselbahn mit Windschutzhauben (Bubble) bringt mit einer Beförderungskapazität von 1.600 Personen pro Stunde in nur sieben Minuten die Skigäste schnell und bequem von der Talstation an der Römerstraße südlich von Igls, wo sich 350 Parkplätze befinden, auf ca. 1738 m. Von der Bergstation des Olympiaexpresses gelangt man über kurze Abfahrten zur Olympiaabfahrt bzw. zur Talstation des Ochsenalmschleppliftes.

Beim Patscherkofel-Schutzhaus wurde ebenfalls im Jahre 2000 ein weiterer Übungsschlepplift, der „Zirbenlift", errichtet. Westlich von der Talstation des Patscherkofel-Gipfelliftes nimmt die Langlauf-Höhenloipe ihren Anfang. Der Rundkurs beträgt ca. 5 km.

Beliebt ist auch die gewartete Naturrodelbahn von Heiligwasser.

Der Alpengarten der Universität Innsbruck am Patscherkofel und die Wetterstation

Auf dem Patscherkofel wurde im Herbst 1994 der Alpengarten der Universität Innsbruck wiedereröffnet. Er ist der höchstgelegene Botanische Garten Österreichs und seit 1930 im Besitz der Leopold-Franzens-Universität Innsbruck. Durch die Errichtung einer modern ausgestatteten Forschungsstation innerhalb des Gartens wurde es der Wissenschaft ermöglicht, ganzjährig verschiedenste Untersuchungen direkt vor Ort durchzuführen.

Das 1 ha große Areal liegt auf knapp 2000 m Seehöhe direkt neben der Bergstation der Patscherkofelbahn und ist daher bequem und schnell erreichbar. Der Garten, in dem mehr als 400 verschiedene hochalpine Gebirgspflanzen gedeihen, ist von Juni bis September in der Zeit von 9^{00} bis 17^{00} frei zugänglich.

Seit Jahrzehnten ist der Garten eingezäunt, und so konnten sich hier viele Pflanzen behaupten, die auf dem sonst stark beweideten Berg verdrängt wurden oder ganz fehlen. Die günstige Lage direkt an der Waldgrenze ermöglicht

Alpenblumengarten am Patscherkofel

es, natürlich vorkommende Pflanzengemeinschaften wie Zwergstrauchheide, Hochwald und Hochstaudenflur dem interessierten Besucher anhand eines *beschilderten Rundwanderweges* näherzubringen und ihn damit zum Nachdenken anzuregen.

Unterhalb des ganzjährig bewirtschafteten Schutzhauses des Touristenclubs wurde eine *Wetterstation* errichtet. Seit 1962 besteht auf der Westseite des Patscherkofels nahe der Waldgrenze in 1950 m Seehöhe das *Klimahaus der Forstlichen Bundesversuchsanstalt Wien*, das von der Außenstelle für subalpine Waldforschungen in Innsbruck betrieben wird. Das Klimahaus dient als Forschungsstätte für ökophysiologische Untersuchungen an der alpinen Waldgrenze. Auch das Bundesamt für Zivilluftfahrt beobachtet hier in einer ständig besetzten Station das Wettergeschehen im Raum Tirol.

Am Gipfel des Patscherkofels wurde 1955/1957 eine *Richtfunkstation der Österreichischen Post- und Telegraphenverwaltung* gemeinsam mit dem ORF – Sendergebäude gebaut (1968 erweitert). Die Station dient der Übertragung von Rundfunk und Fernsehprogrammen an den ORF, der diese über seine Senderanlage ausstrahlt.

1934 und 1947 wurden große Teile des Patscherkofels unter *Naturschutz* gestellt. In diesem Gebiet ist das Pflücken von Pflanzen grundsätzlich untersagt.

Wanderungen und leichte Bergtouren

- Von der Bergstation entlang des 7 km langen, fast ebenen Zirbenweges (Lehrpfad) durch denjahrhundertealten größten geschlossenen Zirbenbestand der Ostalpen nach Tulfein: 2½ Std. Sessellift über Halsmarter hinunter nach Tulfes;
- Patscherkofel-Rundwanderweg (Almenweg 1600): Von der Bergstation entlang des Zirbenweges nach Boscheben (2035 m): ¾ Std., dann auf der Südseite des Patscherkofels über einen steileren Weg zum Meißnerhaus (1707 m), durch das Viggartal über den Innertal- und Föhrenweg hinunter nach Patsch und weiter nach Igls: gesamt 4½ Std.;
- Höhenwanderung von der Bergstation den Kamm entlang bis zum Glungezer (2678 m): 3 Std.

Patsch

1001 m Seehöhe, 826 Einwohner

Patsch gegen Nordkette/Karwendel

Das alte Dorf Patsch ist ein schöner, von Wiesen und Wäldern umgebener Erholungsort. Er liegt etwa 300 m hoch über dem Wipptal auf der klimabegünstigten Mittelgebirgsterrasse am Westabhang des Patscherkofels. Prachtvoll ist die Aussicht auf die Brennerberge, die Stubaier Gletscher, die Kalkkögel und auf die Zugspitze. Zum Gemeindegebiet gehören neben dem an der alten Salzstraße gelegenen Kirchdorf noch die Weiler *Kehr und Rinnerhöfe* sowie die *Ortsteile Sillwerk, Ruggschrein, Ahren und Bahnhof.* In *Ruggschrein* (Ruckschrein), etwa 1 km südöstlich von Patsch, an der ehemaligen Grenze des Gerichtes Sonnenburg, stand früher eine Zollstätte der wichtigen von Hall nach Matrei führenden Salzstraße. Höchster Punkt der Gemeinde ist der 2248 m hohe Patscherkofel. Westlich des Dorfes spannt sich unten im Wipptal die 190 m hohe Europabrücke der Brennerautobahn auf die gegenüberliegende Talseite nach Schönberg.

Geschichte

Patsch gilt als ältestes Dorf des südlichen Mittelgebirges; zahlreiche Flurnamen und der Ortsname selbst sowie Reste von Wallburgen am Rosenhügel in der Nähe des Grünwalderhofes und am Burgstall-Bichl weisen auf eine vorrömische Besiedlung hin. Im Frühmittelalter war Patsch, das 1142 als Patsi erstmals urkundlich genannt wird, Mittelpunkt einer Marktgenossenschaft und Mutterpfarre, zu der Patsch, Ellbögen, Igls, Vill, Lans und Sistrans gehörten. 1256 wurde die große Mutterpfarre dem Stift Wilten inkorporiert. Die schon 1259 urkundlich erwähnte Kirche brannte 1399 mit dem Dorf ab; nur der „Thomeler" (Gänsbichl 1) blieb als einziges Haus von der Feuersbrunst verschont. 1448 wurde das Dorf von einer verheerenden Seuche, 1547 von der Pest heimgesucht. An diese furchtbare Zeit erinnert das „Pestangerle" beim Thomeler. Plünderung und Vergewaltigung mußten die Bewohner über sich ergehen lassen, als 3.600 „welsche Schelme" 1546 durch den Ort zogen. Ähnliches wiederholte sich 1611, wobei das wüste Kriegsvolk wiederum die Pest einschleppte. Während des Tiroler Heldenjahres 1809 lagen die Landesverteidiger in Patsch in Reservestellung. Bis ins 19. Jahrhundert wurden im Ort Passionsspiele aufgeführt. Reges Leben herrschte im Dorf während des Baues der Brennerbahn 1864 bis 1867. Dabei wurde die Gemeinde durch die überaus günstige Grundablöse so reich, daß bis zum Jahre 1904 jedem Bauern jährlich eine beachtliche Summe ausbezahlt und alle Steuern aus Gemeindemitteln beglichen wurden. Unter der Leitung von Ing. Franz Riehl errichtete die Gemeinde Innsbruck 1903 auf Patscher und Schönberger Gebiet das Kraftwerk Obere Sill. Es war damals das größte Kraftwerk der österreichisch-ungarischen Monarchie. Durch den Bau dieses Großprojektes bahnte sich eine Entwicklung an, die dazu führte, daß bis zum heutigen Tag der Tiroler Strompreis einer der niedrigsten in ganz Österreich ist. So ist es verständlich, daß Tirol als das Bundesland mit dem höchsten Pro-Kopf-Verbrauch an elektrischem Strom in Österreich aufscheint.

Im Gschlößlerhof (Hirnweg 1) schrieb der in Innsbruck als Universitätsprofessor wirkende Historiker *Dr. Josef Hirn* (1848 – 1917) das für die Landesgeschichte wichtige Werk „Tirols Erhebung im Jahre 1809". Nach diesem großen Meister tirolischer Geschichtsschreibung, der auch als Landtagsabgeordneter hervorragend wirkte, ist der *Hirnsteig*, der von Patsch nach Heiligwasser führt, benannt.

Feuernachtwachen schützen vor Brandkatastrophen

Mehrmals im Laufe der Jahrhunderte wurde Patsch von verheerenden Brandkatastrophen heimgesucht; oft war es der im Mittelgebirge gelegentlich stürmische Föhn, der die Feuersbrunst anfachte. Um Schlimmstes zu vermeiden, gab es in alten Zeiten einen von der Gemeinde angestellten Nachtwächter, der für die Sicherheit des Dorfes sorgte. Da es immer schwieriger wurde, einen geeigneten Nachtwächter zu finden, faßte der Patscher Gemeinderat 1961 den Beschluß, jeden Haushalt einmal im Jahr zu verpflichten, eine Nacht lang die Feuerwache zu übernehmen. Die Patscher, insbesonders auch die Zugewanderten, nehmen ihre Verpflichtung sehr ernst, sodaß das Dorf nunmehr schon seit Jahrzehnten von Bränden verschont wurde.

Im Jahre 1980 wurde Patsch ein Wappen verliehen. Es zeigt auf goldenem Grund den hl. Donatus, den seit altersher von den Bauern verehrten Wetterheiligen und Patron der Kirche. Er hält in der rechten Hand drei stilisierte Blitze, in der linken den Bischofsstab.

Sehenswürdigkeiten

Wer den einmalig schönen Panoramaweg vom Igler Kurpark nach Patsch geht, genießt eine prachtvolle Aussicht. Besonders eindrucksvoll ist der Blick nach Süden: Vor die mächtige Kulisse der Brennerberge schiebt sich das harmonische Bild des von Bausünden verschont gebliebenen Dorfes Patsch.

Das markanteste Bauwerk im Dorf ist die uralte, dem fränkischen Märtyrerbischof *Donatus geweihte Pfarrkirche*. Das jetzige Gotteshaus wurde nach einem verheerenden Brand im Jahre 1399, dem das Dorf und die alte Kirche zum Opfer fielen, im gotischen Stil neu aufgebaut. Das spitzbogige Portal, der dreiseitige Chorabschluß und der gotische Spitzhelm erinnern an die 1479 neugeweihte Kirche, während die gekoppelten Rundbogenfenster der Schallöcher am Turm noch in die romanische Stilepoche zurückreichen. 1767 wurde die Kirche barockisiert. Anläßlich der Renovierung im Jahre 1975 wurden die Deckenfresken, ein Werk des aus Telfs stammenden Meisters *Anton Zoller*, unterstützt von Josef Kremer, aufgedeckt und ergänzt (über der Empore: Donatus verweigert die Anbetung von Götzen; Mittelschiff: Donatus wird enthauptet; Chor: der Heilige erweckt einen Toten). Das Altarblatt am barokken Hochaltar von dem aus Zirl stammenden Troger-Schüler *Josef Kremer* (1769) stellt die gekrönte Gottesmutter mit den beiden Kirchenpatronen

Donatus und Stephanus dar. Es wird von vier Statuen flankiert: Johannes dem Täufer, Maria Magdalena und den beiden Prämonstratenserheiligen Adrian und Jakob. Das Bild am linken Seitenaltar, Tod des hl. Josef, stammt von Josef Randolf (1892), jenes am rechten Seitenaltar, Christus und die beiden Wetterherren Johannes und Paulus über dem Dorf Patsch, von *Franz Xaver Kirchebner* (1770). In einem Glasschrein ruhen die Reliquien des römischen Soldaten und Märtyrers Donatus, der jedoch nicht mit dem Kirchenpatron identisch ist. Sie wurden 1803 vom aufgehobenen Kollegiatsstift St. Veit in Freising (Bayern) angekauft. Die über einem Holzkern stukkierte Kanzel stammt aus dem Jahre 1768. Bemerkenswert sind noch ein spätgotischer Altarflügel mit einem Relief des hl. Florian, ein großes Kruzifix (1726) und ein hl. Nepomuk (1738).

Die Kirche besitzt ein großes, prachtvolles *Heiliges Grab (= Ostergrab)* aus den Jahren um 1767. Es ist ein kostbares barockes Meisterwerk, ein Kulturdenkmal besonderer Art, das der Priester und geniale Autodidakt Johann Joachim Pfaundler (1723 – 1811) schuf. Die großartige Scheinarchitektur mit den vielen schlanken Säulen, Vasen mit bunten Blumen und den lebensgroßen Gestalten des Alten Testaments füllt die Apsis der Kirche.

Ein stattlicher ansitzartiger Bau ist das von einer Gartenmauer umgebene *Pfarrhaus.* Das „Hohe Haus" (Hirnweg Nr. 8) war das ehemalige Amtsgebäude der Landrichter von Sonnenburg. Zahlreiche Häuser haben einen schönen Bundwerkgiebel, häufig sind sie mit farbenfrohen Fresken geschmückt. In dem 1970 umgebauten *Gasthof „Bär"* traf sich 1809 mehrmals der Sandwirt Andreas Hofer mit Josef Speckbacher.

Am südlichen Dorfende liegt der *„Zollerhof"*, eine ehemalige landesfürstliche Zollstätte. Auch ihn schmücken Fassadenmalereien, eine Sonnenuhr sowie zwei Erker. Daneben steht die *Kreuzkapelle* mit einer Kreuzigungsgruppe aus der Zeit um 1700.

Heute ist im schönen „Zollerhof" der *Polyglobe Musikverlag* untergebracht, der sich vor allem auf die Produktion und den Vertrieb von „entspannender, harmonisierender und vitalisierender Musik" konzentriert. Außerdem werden Musikinstrumente aus Asien und tibetische „Acama Klangschalen" vertrieben. Letztere werden im Therapiebereich der Klangmassage eingesetzt. Im Zollerhof steht den Besuchern ein Schauraum und ein Seminarraum zu Verfügung.

An manchen Häusern in Patsch und in den Dörfern des Wipptales prangen meist farbenfrohe Fresken, die Heilige, Landschaften, Bauern, Hirten und markante Szenen aus der Tiroler Geschichte darstellen. Sie stammen sehr oft von dem in Patsch ansässig gewesenen überaus produktiven Künstler *Josef Strobl* (geb. 1912, gest. 1986). Er genoß vor allem als begnadeter Theatermaler, aber auch als vielbeschäftigter Porträtist ein hohes Ansehen. Sein wohl schönstes Wandfresko schmückte einst das „Strobl-Haus" am Gänsbichl; es stellte die „Gefangennahme Andreas Hofers auf der Pfandleralm" dar. Das einst allseits bewunderte Bild störte die französischen Besatzungsoffiziere nach dem Zweiten Weltkrieg unter ihrem Kommandanten Korpsgeneral Emile Béthouart so sehr, daß Strobl gezwungen wurde, es zu „löschen". Er übermalte es, und heute sieht man dort zwei Ackergäule.

Außerhalb des Dorfes an der Straße nach Igls liegt der *Grünwalderhof*, der schon um 1500 als Wirtshaus und Poststation in den Urkunden des Staatsarchivs und des Sonnenburger Gerichts erwähnt wird.

Um 1600 erwarben die Grafen von Thurn und Taxis den Hof und gestalteten ihn zu einem Jagdansitz um, 1930 wurde das Hauptgebäude umgebaut und als Hotel eingerichtet. Die Fassadenmalerei und das Hausschild mit der Postkutsche erinnern an die historische Vergangenheit der Grafen Thurn und Taxis als General-Erbpostmeister von Tirol und den österreichischen Vorlanden. Erwähnenswert ist noch die original erhaltene getäfelte Stube gleich neben dem Hoteleingang. Vom kleinen Freischwimmbad mit windgeschützter Liegewiese genießt man eine schöne Aussicht. Im Grünwalderhof ist auch das allgemein nicht zugängliche, denkmalgeschützte *„Taxis-Archiv"* untergebracht. Es enthält alles, was irgend eine Beziehung zur Familie Taxis und zu der von ihr betriebenen Post hat, eine große Fundgrube für die Erforschung der Geschichte des Postwesens. Bedeutend ist auch die Bibliothek, die nebst vielen wissenschaftlichen Werken alles über die Taxis-Post enthält.

Östlich vom Grünwalderhof, zwischen dem Rosengarten und dem Goldbühel, lag früher der *Grünwalder Weiher*, in dem das Kloster Wilten das Recht hatte, wöchentlich einmal zu fischen. Daran anschließend, dort, wo seit 1974 Hunde dressiert werden, befand sich ein zweiter, ebenso fischreicher Teich.

Freizeitmöglichkeiten

2 Freischwimmbäder, 2 Hallenbäder mit Sauna, 1 Tennisplatz, Schach, Billard, Tischtennis, Schießstand, Erwerb der Wandernadel.

Wanderungen und Bergtouren

- Über die Kehrhöfe zum Bahnhof Patsch: 3/4 Std.;
- zum Wallfahrtskirchlein und Berggasthof Heiligwasser: 3/4 Std., sodann auf dem Weg oberhalb der Olympia-Bob- und -Rodelbahn zur Römerstraße und von dort zurück nach Patsch oder über den Hirnsteig zurück nach Patsch: insgesamt 2 Std.;

- nach St. Peter über den Rauhenbrunnenweg: 1 Std., zurück über den Speckbacherweg: 1½ Std.;
- zur Europabrücke: ½ Std., weiter nach Schönberg: ½ Std.;
- über den Rosengarten, Pfarrerbründl nach Igls und über den Feldweg zurück nach Patsch: 2 Std.;
- über die Patscher Alm zum Schutzhaus Patscherkofel, gleichmäßig ansteigend, herrliche Ausblicke auf die Stubaier Alpen und die Brennerberge: 3½ Std.;
- große Almwanderung von Patsch – Heiligwasser – Igler Alm – Lanser Alm – Sistranser Alm – Aldranser Alm zur Rinner Alm: 5 Std.

Weitere Wanderungen siehe auch Patscherkofel, Igls, Ellbögen.
Winter: Patscherkofelbahn (siehe Igls), Schiabfahrten vom Patscherkofel auf der berühmten Olympiastrecke oder auf der Familienabfahrt, 2 Schlepplifte, 10 km Langlaufloipen, Naturrodelbahn, Eisstockschießbahnen, Eislaufplatz, 20 km geräumte Wanderwege.

Auskunft: A-6082 Patsch, Tourismusverband.
Tel.: 0512/377332, Fax: 0512/377332-7, Internet: www.tiscover.com/patsch,
E-mail: info2@innsbruck.tvb.co.at
Bahnstation: Patsch; Busverbindung.

Ellbögen

1075 m Seehöhe, 950 Einwohner

Die 12 km südlich von Innsbruck gelegene Streusiedlung dehnt sich auf den Abhängen des Patscherkofels und des Mühltaler Berges (Morgenkogel) aus. Das sonnig gelegene, weitläufige, 3.444 ha große Gemeindegebiet, in dem die bäuerliche Struktur überwiegt, wird im Westen von der Sill, im Norden vom Ruggschreiner Bach und im Süden vom Falkasanerbach, der das *Arztal* entwässert, begrenzt. Dazwischen liegt das romantische *Viggartal*, das am Fuße der Kreuzspitze beginnt und vom Mühlbach durchflossen wird. Vor den Olympischen Winterspielen im Jahre 1964 gab es Pläne, dieses Tal wegen seiner sicheren Schneelage als Austragungsort für die alpinen Wettbewerbe zu erschließen. Touristischer Stützpunkt des Viggartales ist das 1707 m hoch gelegene *Meißnerhaus*. Die Weiler der Gemeinde sind *Christeig, Hennenboden,* das uralte *Tarzens, St. Peter*, der Sitz des Gemeindeamtes und der Pfarre, *Mühltal* am Eingang in das Viggartal, *Niederstrassen* zwischen dem Viggar- und dem Arztal, *Oberellbögen, Innerellbögen und Erlach*. Außerdem gibt es mehrere Einzelhöfe. Höchster Punkt ist das 2796 m hohe Rosenjoch. Trotz der Nähe zur Landeshauptstadt und dem stetigen Zuzug hat sich Ellbögen weitgehend seinen ländlich-bäuerlichen Charakter bewahrt.

Geschichte

Die Sonnenhänge von Ellbögen wurden bereits in urgeschichtlicher Zeit besiedelt; im Jahre 1967 fand man bei einem Wegbau in St. Peter Brandgräber aus der Urnenfelderzeit. Zeugen früher vorbajuwarischer Besiedlung sind auch die urtümlichen Namen Tarzens, Viggar und Falkasanerbach. Nach der Einwanderung der Bajuwaren waren die Grafen von Andechs und später die Landesfürsten die größten Grundbesitzer. Als wichtige Zinsempfänger werden die landesfürstliche Vogtei zu Amras, der Pfarrwidum in Patsch und die Klöster Wilten, Mariathal (bei Kramsach) und Benediktbeuern in Oberbayern genannt. 1032 wurde in einer Schenkungsurkunde Arnolds von Andechs an das Stift Benediktbeuern „Tarzens auf dem Ellbögen" erwähnt.

Die *„Salzstraße"*: Eine große Bedeutung für die Gemeinde hatte zu allen Zeiten die 23 km lange Ellbögener Straße, die von der Haller Innbrücke über Ampass, Aldrans, Lans, Patsch, Ellbögen und Pfons nach Matrei führt. Vielleicht wurde diese kürzeste Verbindung vom Brenner ins Unterinntal schon von den Römern angelegt. Archäologen, die zwischen dem Auerhof (Ellbögen Nr. 109) und Marxen eine bei Bauarbeiten freigelegte Geleisestraße untersuchten, rätseln noch immer, ob diese römischen oder mittelalterlichen Ursprungs sei. Rege war der Verkehr, als im Mittelalter die Haller Saline entstand. In Ruggschrein wurde an der Salzstraße eine Zollstätte errichtet; bis zum heutigen Tag ist dort der Hausname „Zoller" erhalten geblieben. Zahlreiche geräumige Einkehrgaststätten und die malerisch gelegene Schmiede an der Mühltaler Brücke, die 1395 vom Ambraser Richter einem Stubaier Meister in einem Verleihbrief übergeben wurde, künden von der längst vergangenen romantischen Fuhrmannszeit. Immer wieder marschierten Kriegerscharen über die alte Salzstraße. Schlimmes erlebten die Ellbögener, als 6.000 „welsche Schelme" 1543 durch das Gemeindegebiet zogen. In den stürmischen Zeiten während der Tiroler Freiheitskämpfe diente die Salzstraße als Aufmarschstraße für die von Andreas Hofer geführten Schützen. Im Herbst 1918, als sich die österreichischen Truppen von der Südfront absetzten, fluteten Tag und Nacht die Marschkolonnen mit Roß und Wagen über die alte Straße ins Unterinntal.

Von wirtschaftlicher Bedeutung war im 16. und 17. Jahrhundert der Bergbau auf Eisen im *Viggar- und im Arztal*, der viele Leute beschäftigte. Das Erz aus dem Arztal soll zum Guß der berühmten „Schwarzen Mander" für das Grabmal Maximilians in der Innsbrucker Hofkirche, der größten figuralen Grabanlage des Abendlandes, verwendet worden sein. Peter Anich, der berühmte Tiroler Kartograph, hat in seinem Kartenwerk im Arztal sogar ein Goldbergwerk eingezeichnet. (Tatsächlich gab es an der Sill und ihren Seitenbächen zeitweise Goldwäscher.) Da die Haller Saline die alleinigen Holz- und Kohlenrechte im Viggar- und im Arztal besaß, konnte man das Erz nicht an Ort und Stelle verhütten, sondern mußte es auf langem Wege zum Schmelzofen nach Ehrwald bringen. Die damit verbundenen großen Unkosten brachten 1695 den ergiebigen Bergbau zum Erliegen. Knappenlöcher im Viggar- und Arztal, halbverfallene Stollen am Falkasanerbach, die Knappenhäuser im Mühltal sowie die Namen Schmölzergütl, Radler und Badstübler erinnern auch heute noch an den erloschenen Bergbau.

Noch im Jahre 1971 wurde im Auftrag eines amerikanischen Konzerns im Arztal erfolgreich nach Erzen gesucht. Das bei mehreren Bohrungen zutage geförderte Gestein wies einen hohen Gehalt an Eisen auf (Eisenspat, Roteisenstein). Dennoch wurden die Bohrungen eingestellt und eventuelle Abbaupläne nicht weiter diskutiert.

1547 wütete in der Gemeinde der unbarmherzige Schwarze Tod und raffte 178 Menschen hinweg, und so wurde im Wegscheiderfeld ein eigener Pestfriedhof angelegt.

Als 1865 die Brennerbahn gebaut wurde, zogen zahlreiche Welschtiroler und kroatische Arbeiter mit ihren Familien in die für sie errichteten Barackensiedlungen im Wipptal. Viele von ihnen starben an den Folgen von Krankheiten und Arbeitsunfällen, vor allem beim Tunnelbau. Auf Veranlassung der Südbahngesellschaft wurde dort, wo sich heute das schöne Ellbögener Gemeinde- und Schulhaus befindet, der sogenannte „Welsche Friedhof" angelegt. 47 Fremdarbeiter fanden zwischen 1865 und 1870 dort ihre letzte Ruhestätte.

Gute Geschäfte machte durch den Bahnbau u.a. auch der Mühltaler Wirt, der bei seinem Wirtshaus eine Bierbrauerei und eine Branntweinbrennerei betrieb. Sein „Mühltaler Bier" war im ganzen Wipptal bis nach Sterzing und im Stubai sehr beliebt und fand einen guten Absatz. Seine kleinen Bierfässer nannte man allerorts „Katzengrind" (= Katzenkopf).

Im Jahre 1983 wurde der Gemeinde ein *Wappen* verliehen; ein abgewinkelter goldener Arm mit goldenem Schlüssel auf rotem Grund versinnbildlicht den Namen Ellbögen. Der Schlüssel ist das Zeichen des Kirchenpatrons, des hl. Petrus.

Sehenswürdigkeiten

Der Großteil des Gemeindegebietes wird von der dem Stift Wilten inkorporierten Pfarre St. Peter, das kleinere südliche Gebiet (Erlach) von der Pfarre Matrei betreut. Die im Kern gotische, 1472 erbaute *Pfarrkirche zu Ehren des hl. Petrus* wurde gegen Ende des 18. Jahrhunderts barockisiert. 1887 schuf *Heinrich Kluibenschedl* die nazarenischen Deckenfresken (Verklärung Christi am Berg Tabor, Kreuzigung Petri, hl. Valentin, Bischof Rätiens). Von den einstigen herrlichen Deckengemälden des Barockmalers *Leopold Puellacher* ist nur ein einziges erhalten geblieben (Triumph des Apostels Petrus). Anläßlich der Renovierung der Kirche 1985 wurden an den Seitenwänden eindrucksvolle Fresken aus der Zeit zwischen 1460 und 1490 freigelegt. Aus der Zeit des Spätbarocks stammen die Altäre: Josef Kremer malte das Hochaltarblatt (hl. Petrus, um 1770), Josef Liebherr aus Imst die beiden Seitenaltarblätter (Matreier Schmerzensmann und Mater Dolorosa, um 1760). Bemerkenswert sind noch die schöne Kanzel (Ende des 18. Jahrhunderts) sowie ein auf Holz gemalter barocker Engel, der eine Holztafel trägt, auf der das Schwätzen in der Kirche verurteilt wird.

Die Kirche besitzt auch ein sehenswertes *Ostergrab*, das in den wesentlichen Teilen im Jahre 1937 vom Kunstmaler Heinz Thaler geschaffen wurde. Zwei Bilder (Jesus am Ölberg, Gott Vater und Hl. Geist) wurden vom Innsbrucker Künstler Prof. Wolfram Köberl neu gemalt.

Die 1946 zum Kriegerdenkmal umgewandelte *Totenkapelle* birgt Fresken von Max Spielmann. Derselbe Künstler schuf 1958 auch das *Sgraffito* der von den Ellbögenern verehrten *Heiligwasser-Madonna* am Schul- und Gemeindehaus; davor steht ein *Gänseliesl-Brunnen* von Emmerich Kerle.

Im Zuge der Dorferneuerung wurde u.a. auch die 400 Jahre alte *Hinterlocher-Mühle* restauriert und wiederum funktionsfähig gemacht. Diese besuchenswerte Schaumühle im Arztal, bei der sich eine Jausenstation befindet, ist jeden Freitag von 14 bis 17 Uhr in Betrieb. Man kann dorthin Korn bringen, das vor den Augen der Besucher gemahlen wird.

Ein interessantes Naturdenkmal ist der 6 m hohe *„Gschriebene Stoan"* beim Blauen See im hintersten Viggartal. Er stammt wahrscheinlich von einem Felssturz des „Rauchn Kammes". Auf dem Stein sind allerlei schwer lesbare Zeichen eingemeißelt, die den Namen Maximilians und die Jahreszahl 1489 bedeuten könnten. Tatsächlich hat der große Waidmann Maximilian im einst wildreichen Viggartal eines seiner zwölf Hirsch- und achtzehn „Gamsgejaide" des Wipptales gehabt.

Wanderungen und Bergtouren

- Von St. Peter über die Lehnerhöfe zum Wasserfall ins Moserbergl und zurück: 2 Std.;
- von St. Peter auf dem 18 km langen Speckbacherweg über das Mittelgebirge nach Tulfes: 4 Std., sehr lohnend;
- über Tarzens und Ruggschrein nach Heiligwasser, 1234 m: 1½ Std.;
- von St. Peter über Außertal, Gartengatterl zum Meißnerhaus, 1707 m: 3 Std. Vom Meißnerhaus führt der „Almenweg 1600" in 1600 m Höhe über die Patscher und Igler Alm bis zur Tulferalm: 5 bis 6 Std.;
- von Mühltal, dem Viggarbach entlang, über die Lourdeskapelle zum Meißnerhaus: 2½ Std.;
- von St. Peter über die Oberstraße und Oberellbögen zur Arztaler Alm, 1902 m: 3 Std.

Touren vom Meißnerhaus:

- nach Boscheben, 2035 m, herrliche Aussicht auf Inntal und Karwendel; 1 Std.;
- von Boscheben in ½ Std. zur Bergstation der Patscherkofelbahn;
- zum Viggar-Oberleger, 1928 m, und über den „Gschriebenen Stoan", 2190 m, auf die 2746 m hohe Kreuzspitze: 3½ Std.;

- über den Viggar-Oberleger zur Glungezerhütte, 2608 m, 3 St., von dort in 1/4 Std. auf den Glungezergipfel, 2678 m, herrliche Rundsicht (siehe auch Patsch, Igls und Matrei).

Winter: Naturrodelbahn und schneesicheres Schi- und Tourengebiet im Viggar- und Arztal.

Auskunft: A-6082 Ellbögen, Tourismusverband.
Tel. 0512/377457, Fax: 0512/3774576, Internet: www.tiscover.com/patsch,
E-mail: info2@innsbruck.tvb.co.at
Bahnstation: Patsch (2,5 km), Matrei (9 km); Busverbindung.

Der Wipptaler Wanderweg

Der Wipptaler Wanderweg erschließt das Wipptal, vom Ortsteil *Mühltal* der Gemeinde Ellbögen ausgehend, bis zum Brennerpaß. Er verläuft überwiegend entlang bereits bestehender Wege, die durch Verbindungsstücke und kurze Neubaustrecken zum Weitwanderweg zusammengeschlossen worden sind. Die Planung des Talwanderweges erfolgte durch den Landschaftsdienst der Landesforstdirektion gemeinsam mit den Gemeinden und dem Talverband, die Realisierung fand in den Jahren 1986 bis 1990 statt.

Der Beginn des Wipptaler Wanderweges in *Ellbögen/Mühltal* kann mit der Buslinie der ÖBB erreicht werden (Haltestelle Mühltal). Zuerst geht man auf einer Länge von ca. 100 m die Ellbögener Landesstraße entlang, worauf dann linker Hand ein Steig abzweigt, der, bergauf führend, die Ellbögener Oberstraße erreicht. Dieser entlang verläuft der Wipptaler Wanderweg bis zum Weiler *Dörfl*, wo er rechts abzweigt, die Oberstraße verläßt und bergab einem Feldweg bis zu einer Siedlung folgt. Von dort wird die Wanderung, zum Teil leicht ansteigend, auf einer schmalen, asphaltierten Straße fortgesetzt, welche nach ca. 700 m in einem kleinen Weiler endet. Ein reizvoller Steig führt durch feuchtes, locker bewaldetes Gelände und anschließendes steiles Wiesengelände bis zu einem Gehöft. Der Weg weitet sich zu einem schmalen Fahrweg, der den Falkasaner Bach überquert. Kurz vor dem Bach befindet sich oberhalb des Weges eine alte Mühle.

Der Wanderweg erreicht nun das Gemeindegebiet von *Pfons*, führt beim „Mentenhof" vorbei über Wiesen in bewaldetes Gelände. Kurz nach Betreten des Waldes zweigt links ansteigend ein Weg ab, der nach ca. 500 m in einen bergauf führenden Forstweg einmündet. Diesem ein kurzes Stück folgend, verläßt man den Wald und betritt den Weiler *Ried*, von wo aus sich dem Wanderer überraschende und schöne Ausblicke in das Wipptal bieten. Auch wenn die Wanderroute nun entlang der fast nur von Anrainern befahrenen asphaltierten Straße verläuft, ist dieser Abschnitt doch landschaftlich besonders schön. Nach fast einem Kilometer ebenen, genußvollen Wanderns führt die Straße dann bergab über zwei Kehren nach Pfons zur Ellbögener Landesstraße. Eine andere empfehlenswerte Variante führt von der ersten Kehre über den „Gersteler Hof" zum Pfoner Bergweg und hinunter zur Landesstraße.

Durch den Ort Pfons geht es kurz der Hauptstraße entlang bis zur Abzweigung zum Ortsteil *Schöfens*. Die beschilderte Route verläuft über Schöfens mit seinem hübschen Kirchlein und dann bergab bis zur Bahnüberführung. Eine andere Möglichkeit bietet ein schöner Feldweg abseits der Siedlung, der schon vor Schöfens, kurz nach der Ellbögener Landesstraße, rechts abzweigt und ebenfalls zur Bahnbrücke führt. Wer des Wanderns müde ist, überquert die Brücke und erreicht nach kurzem Weg den Bahnhof zur Rückfahrt. Wer weiterwandern will, bleibt diesseits der Bahn und wandert in südlicher Richtung auf der schmalen Straße durch die Siedlung und in der Folge durch die sogenannte „Haslachgasse“, wo sich schöne Ausblicke von erhöhtem Standpunkt auf den Ort *Matrei* eröffnen. Vorbei an neuen Siedlungen verläuft der Wipptaler Wanderweg dann ohne Anstieg weiter bis zur Naviser Landesstraße. Auf der gegenüberliegenden Seite der Straße beginnt ein schmaler Wiesenweg, der nach kurzer, abwechslungsreicher Wanderung zum Ortsteil *Mühlen* der Gemeinde Navis führt.

Nach kurzem Aufenthalt im westlichen Ende des ausgedehnten Gemeindegebietes von *Navis* überquert der Wanderer den Naviser Bach und gelangt auf einem steil aufwärts führenden Wirtschaftsweg zum wunderschön gelegenen Weiler *Tienzens*, der bereits zum Gemeindegebiet von *Steinach* gehört. Von hier bis zum Ortsteil *Siegreid* stellt der bekannte Steinacher Höhenweg die Route des Wipptaler Wanderweges dar. Wer in Steinach seine Wanderung abbrechen will, kann vor *Mauern* den Höhenweg verlassen und durch den bemerkenswerten Ortsteil zum Steinacher Bahnhof hinuntersteigen.

Wer die Talwanderung fortsetzen oder hier erst beginnen will, muß in Siegreid die Bahnlinie (Bahnunterführung) queren und westlich derselben auf dem Wirtschaftsweg weiterwandern. Nach kurzer Strecke, vorbei an einer Brükke über die Sill, quert der nun beginnende Forstweg erneut die Bahnlinie und führt über zwei Kehren ein kurzes Stück den Berg hinan. Ein Steig zweigt dann rechts vom Forstweg ab, führt über abwechslungsreiche Bergwiesen mit lockeren Baumgruppen und stets in reizvoller Waldrandnähe bis nach Stafflach, wo der Wanderer kurzfristig das Gemeindegebiet von Vals betritt. Das hier in das Wipptal einmündende Schmirn- und Valser Tal wird abseits der nahen Brennerstraße auf einer Nebenstraße überquert. Unmittelbar von der Straße nach St. Jodok führt ein schmaler Steig steil bergan und verläuft flacher werdend auf etwa 1 km Länge stets oberhalb der Brennerbahn im Wald. Sodann senkt sich der Steig, quert die Bahnlinie und erreicht weiter abfallend die Brennerstraße am Nordende der Ortschaft Gries. Hier bietet sich wieder die Möglichkeit, die Wanderung zu beenden und mit der Bahn zurückzufahren. Kurz nach der Bahnunterführung führt ein links abzweigender Steig auf der Höhe des Bahnkörpers direkt zum Bahnhof.

Auf Gehsteigen durchquert jetzt der Wanderer, der dem Wipptaler Wanderweg weiter folgen will, den Ort Gries bis zur Abzweigung der Straße nach Obernberg, folgt dieser ein kurzes Stück bis zur nächsten Weggabelung und wählt dann die linke Straße, die auf der anderen Seite der Sill parallel zur Brennerstraße verläuft. An jener Stelle, an der eine Brücke beide Straßen verbindet, führt an dem in südwestlicher Richtung ansteigenden Hang ein Steig in Serpentinen über den Ort hinaus und dann mehr oder weniger eben teils über Wiesen, teils durch den Wald, bis zum Lueg-Kirchlein St. Sigmund. Entlang dieses Abschnittes können die beträchtlichen Wald- und Vegetationsschäden beobachtet werden, die durch die nahe Brennerautobahn verursacht werden (Streusalz). Auf der gleichen Talseite verbleibend, steigt der Weg durch schmale Waldsäume unterhalb der Autobahn nun leicht an, quert dann die Sill und führt in zahlreichen Kehren bis in unmittelbare Nähe der Brennerstraße und mündet in die Straße, die zum Gasthof „Fröhlich" abzweigt. Dieser ein kurzes Stück folgend, zweigt ein Forstweg rechts ab, der über die Sill das Westufer des Brennersees erreicht. Am Seeufer entlang und weiter in südlicher Richtung führt der Wipptaler Wanderweg nun in einem letzten Anstieg bis zum Brennerpaß. Leider tritt in diesem Schlußteil das landschaftliche Erlebnis hinter dem alles beherrschenden Eindruck der überfrequentierten Verkehrsadern zurück, wenngleich von hier eine der schönsten alpinen Wanderungen ausgeht.

Natters und Mutters an der Stubaitalbahn

Die Stubaitalbahn

Um das Stubaital besser für den Alpinismus zu erschließen, wurde 1904 die elektrische Stubaitalbahn erbaut. Ihr Schöpfer war der geniale Pionier des Bahnbaues in Tirol, *Ing. Josef Riehl* (geb. 1842 in Bozen, gest. 1917 in Innsbruck), der Erbauer mehrerer Wasserkraftwerke und zahlreicher, oft kühner Bergbahnen in Tirol und Vorarlberg (Zahnradbahn auf den Ritten, Grödner-, Hungerburg-, Igler-, Fleimstal-, Mittenwald-, Montafonbahn), der Hafenanlage in Bregenz, der weltberühmten Dolomitenstraße usw. Ursprünglich bestand der Plan, die Bahn bis nach Neustift und sodann an der südlichen Talseite über Mieders und Schönberg zurück bis nach Matrei zu führen. Aus Kostengründen begnügte man sich schließlich mit dem Bau der heutigen 18,2 km langen Strecke, die von Innsbruck nach Fulpmes führt. Zunächst war eine mit Dampf betriebene Bahn geplant. Als jedoch das 1903 fertiggestellte Sillkraftwerk der Stadt Innsbruck günstig elektrische Energie anbot, baute man die Stubaitalbahn als Einphasen-Wechselstrombahn.

Stubaitalbahn gegen Serles

Bezaubernd ist die Streckenführung über Natters, Mutters, Kreith und durch die herrlichen Lärchenwiesen von Telfes hoch über der Sill und dem Ruetzbach nach Fulpmes, dem Hauptort des Stubaitales. Bei Kilometer 12 hinter der Haltestelle Kreith erreicht die Bahn mit 1006 m ihren höchsten Punkt. Die etwa 45 Minuten dauernde Fahrt mit einer Geschwindigkeit von 35 km/h bietet zu allen Jahreszeiten eine Fülle von landschaftlichen Erlebnissen, wie sie nur wenige Bahnen vermitteln. Von jeder Haltestelle aus kann man Wanderungen durch das Tal, durch die Wälder, aber auch in die Höhe antreten. Manchmal kann man in der Dämmerung sogar friedlich äsende Rehe vom Zug aus beobachten. Der prächtigen Aussicht wegen empfiehlt es sich, bei der Hinfahrt links zu sitzen.

Mutters, Bauernhof gegen Karwendelgebirge

Steinbock

Fasnacht

Schmirntal, alter Bauernhof

Stubaier Alpen, Sulzenauferner

Navistal

Alpeneisglöckchen Soldanella Alpina

Obernberg am Brenner gegen Tribulaun

Föhnstimmung bei Igls

Patsch, Abendstimmung auf der Patscher Alm gegen Serles und Stubai

Patscherkofel, Abendstimmung auf der Patscher Alm

Tuxer Alpen, Ausblick von der Viggarspitze gegen Patscherkofel

Obernberger See

Blumenwiese in Ellbögen

Stubaier Alpen, Habicht von Norden im Abendlicht

Neustift, Alm im Oberbergtal

Schlick, Zirmachalm gegen Kalkkögel

Schönberg gegen Kalkkögel

Neustift, Pinnistal, Herzeben-Alm gegen Serleskamm

Neustift, Panorama von Obergasse gegen Kampl

Frühling im hinteren Stubai gegen Wilden Freiger, Wilden Pfaff, Zuckerhütl

Neustift, Jäger nahe der Starkenburger Hütte

Neustift, Ziegen auf den Oberberger Mähdern

Spinnennetz im Morgentau

Obernberg am Brenner, Rohrsee gegen Zillertaler Alpen

Gschnitztal/Sandestal, Gschnitzer Tribulaun, Pflerscher Tribulaun

Valsertal, Olperer und Fußstein
Gschnitztal, Bauernhof bei Trins

Mühlbachl, Maria Waldrast

Serles im Morgenlicht

Olperer, Fußstein

Schmirntal, Birken im Herbstkleid

Schönberg

1013 m Seehöhe, 1.050 Einwohner

Nur wenige Tiroler Dörfer haben eine so prachtvolle Aussichtslage wie Schönberg am Eingang ins Stubaital. Über Wiesen und Wälder hinweg schweift der Blick bis zu den mächtigen Gletscherriesen im Talhintergrund. In ihrer blendenden Firnpracht erglänzen das 3507 m hohe Zuckerhütl, der Wilde Freiger, der Wilde und der Apere Pfaff, die Schaufelspitze und der Habicht. An den Talflanken erheben sich die schöngeformten Gipfel der Kalkkögel, gegen das Inntal zu die Innsbrucker Nordkette, im Osten der runde Buckel des Patscherkofels mit dem Sendeturm und gegen Süden die Brennerberge.

Erdpyramiden am Burgstallrücken von Schönberg

Das schmucke Dorf Schönberg liegt auf einem sonnigen, grünen Höhenrücken hoch über den tief eingekerbten Schluchten der Sill und Ruetz, welche die Gemeindegrenzen bilden. Hier entstand während der Eiszeit aus dem Zusammenfluß des Sill- und Stubaitalgletschers eine weit nach dem Norden vorgeschobene Randmoräne, an deren Ostseite, am sogenannten *Kleinburgstall*, unmittelbar an der Brennerstraße nördlich der Europabrücke, einige schön geformte Erdpyramiden zu sehen sind. Als die einzigen *Erdpyramiden* Nordtirols wurden sie 1981 zum Naturdenkmal erklärt. Zum Gemeindegebiet Schönberg, das mit 746 Hektar die kleinste Stubaier Gemeinde ist, gehören die Ortsteile *Ruetzwerk, Unterberg, Sillwerk* und *Gleins*. Die Fraktion *Sillwerk* liegt tief unten im engen Talboden in etwa 650 m Seehöhe. Hier erbaute 1903 die Stadtgemeinde Innsbruck *das damals größte Kraftwerk der österreichisch-ungarischen Monarchie*. Die am höchsten gelegenen fünf Bergbauernhöfe von *Gleins* (1420 m) und die in den lichten Gleinser Lärchenwiesen entstandenen Ferienhäuser erreicht man auf einer aussichtsreichen asphaltierten Straße (nur für Anrainer!). Bei der berühmten Stefansbrücke, wo die Brennerstraße über die aus dem Stubaital herausfließende Ruetz führt, liegt die Fraktion Unterberg mit dem denkmalgeschützten, 1997 prächtig restaurierten Ruetzwerk, das 1912 als erstes E-Werk der Eisenbahn zur Energieversorgung der Karwendelstrecke errichtet wurde.

Geschichte

Die Geschichte von Schönberg ist eng mit der Brennerstraße verbunden. Münzenfunde aus der Zeit der römischen Kaiser Trajan, Pupienus, Victorin und Licianus beweisen, daß schon um die Zeitwende über „Schönenberge" – so wird der Ort 1270 erstmals genannt – der Brennerverkehr führte. Beim Parkplatz der Europabrücke hat man ein Stück der alten Römerstraße mit der gut erhaltenen Fahrrinne konserviert. Peter Anich, der große Tiroler Kartograph, verzeichnete in seiner Karte noch eine Burg Schönberg, an die nur noch die „Burgwiese" und eine 1932 entdeckte Zisterne erinnern. Nördlich davon bestand wahrscheinlich schon eine prähistorische Wallburg.

Die *alte Brennerstraße* überwand in einem steilen Anstieg die Höhe von Unterberg nach Schönberg. Acht, ja manchmal sogar zehn Pferde mußten zusätzlich vorgespannt werden, um die schweren Frachtwagen über das Steilstück zu ziehen. Erst der 1836 bis 1845 durchgeführte Bau der heutigen Brennerstraße, die in 65 Kurven über den Schönberg führt, brachte günstigere Verkehrs- und Transportbedingungen. Ihr Schöpfer war der berühmte Verkehrstechniker *Karl Ritter von Ghega*, der knapp zuvor die Straße Pfunds –

Nauders geplant hatte und wenige Jahre später die weltberühmte Semmeringbahn errichtete. 1845 wurde auch die mächtige, 43,6 m lange und 36,5 m hohe mit Quadern aus der Höttinger Breccie erbaute *Stefansbrücke* fertiggestellt. Sie war bei ihrer Eröffnung durch Erzherzog Stephan die viertgrößte derartige Brücke Europas. Da sie auch heute noch die *größte Steinbrücke Österreichs* ist, wurde sie unter Denkmalschutz gestellt.

Nach Vollendung der gigantischen 815 m langen *Europabrücke*, deren höchster Pfeiler (mit 137 m Schaftlänge bei einem 47 m tiefen Fundament der höchste Brückenpfeiler der Welt!) auf Schönberger Gebiet liegt, erhielt die Gemeinde ein *Wappen*, in dem dieses großartige Bauwerk in stilisierter Form aufscheint.

1786 reiste der auch botanisch interessierte Dichterfürst *Johann Wolfgang von Goethe* durch Schönberg und soll bei der „Goethe-Zirbe" an der alten Straße am Nordende des Dorfes gerastet haben. Der aus Niederau im Tiroler Unterland stammende Dr. Simon Marian Prem, der als erster Österreicher eine Goethe-Biographie schrieb, vertritt die Ansicht, daß hier das stimmungsvolle Gedicht „Über allen Gipfeln ist Ruh" entstanden sei.

Mehrmals weilte im Jahre 1809 *Andreas Hofer in Schönberg*, wo er während der Bergiselschlachten im *Gasthof „Domanig"* und im *„Stolzenhof"* sein Hauptquartier aufschlug. Im Stolzenhof, von 1797 bis 1813 Sitz des Landgerichtes Stubai, hatte am 29. Oktober 1809 der Sandwirt den Entschluß gefaßt, sich zu unterwerfen, als es dem Feuergeist Pater Haspinger gelang, Hofer wieder umzustimmen und zu überreden, den Kampf fortzusetzen.

Seit 1991 gibt es in Schönberg zwei Werkstätten der „Lebenshilfe", einer verdienstvollen Vereinigung zum Schutz und zur Förderung von geistig behinderten Menschen aller Altersstufen. Die in den Werkstätten liebevoll bemalten Wein- und Sektflaschen, hervorragende Holzarbeiten und vieles mehr werden in einem „Geschenke Shop" in der Dorfstraße angeboten.

Sehenswürdigkeiten

Die *Pfarrkirche zum hl. Kreuz* wurde als letztes Gotteshaus des Stubaitales 1748/49 vom berühmten geistlichen Baumeister *Franz de Paula Penz* im Rokokostil errichtet. Wie so oft gelang es auch hier dem begnadeten Kirchenbauer, hervorragende Künstler als Mitarbeiter zu gewinnen. Außen fällt der niedere Turm mit dem aus Holz ausgeführten Abschluß auf, der den Charakter einer Landkirche betont. Das Bild über dem Portal stellt Christus am Kreuz mit Maria Magdalena dar. Es stammt von Franz Anton Leitenstorffer aus Reutte (1722 – 1795), der später als Professor und Hofmaler in Mannheim wirkte.

Sparsam wirken im Inneren die qualitätsvollen Rocaillestuckaturen, besonders schön sind die Deckengemälde, die drei anerkannte Meister ausführten: Leitenstorffer (Auferstehung Christi und Anbetung der Könige), Giuseppe Gru aus Verona (Glorie Mariä) und der Imster Josef Mages (Auferstehung der Toten). Da das Kuppelfresko von Leiterstorffer einige nackte Figuren aufwies, wurde es vom bischöflichen Visitator beanstandet und mußte 1731 von Giuseppe Gru teilweise übermalt werden. Die Deckenmedaillons werden dem *Kuraten Nepomuk Pfaundler* zugeschrieben, der 1763 bis 1811 in Schönberg wirkte. Der schöne Altaraufbau mit dem künstlerisch wertvollen Kruzifix sowie die Nebenaltäre stammen wahrscheinlich von Johann Perger aus Stilfes bei Sterzing. Die großen Figuren stellen von links nach rechts die Pestheiligen Pirmin, Sebastian und Rochus, die in Schönberg wegen der großen Seuchengefahr (Landstraße!) immer wieder angerufen wurden, sowie den hl. Nepomuk dar. Das linke Altarblatt (hl. Josef mit Jesuskind) malte Giuseppe Gru, der Meister des rechten Altarblattes (Maria mit dem Kind und die hl. Katharina) war Dionysius Kain aus Birgitz. Die Kreuzwegstationen stammen von Johann Michael Strickner. Im Rahmen der einheitlichen Rokokoausstattung wirkt die in Weiß und Gold gefasste, 1962 erneuerte Orgel besonders eindrucksvoll. Ein wertvolles und schönes Denkmal der Volksfrömmigkeit vergangener Zeiten ist *das vom Kuraten Nepomuk Pfaundler angefertigte Heilige Grab*, dessen kunstvoll bemalte Holzkulissen das ganze Presbyterium bis hinauf zum Gewölbe ausfüllen; es wird in mehrjährigem Abstand aufgestellt.

Franz de Paula Penz erbaute neben der Kirche auch das behäbig-barocke freskengeschmückte *Pfarrhaus*. Es birgt u.a. ein schönes Kruzifix Johann Pergers und ein Selbstporträt Pfaundlers, dessen Grabstein sich bei der Kirche befindet. Die *Filialkirche Mariä Himmelfahrt* in Unterberg wurde um 1630 errichtet, gestiftet wurde sie von der Familie Lener, die damals den großen Gasthof und über einhundert Vorspannpferde besaß. Diese wurden für den regen Verkehr über den Schönberg benötigt. Das Altarblatt, die Muttergottes mit den Wetterherren Petrus und Paulus, malte der berühmte *Josef Anton Zoller* (1771).

Millionen von Menschen besuchten bisher die 1963 am westlichen Ende der Europabrücke auf einem Hügel errichtete *Europakapelle* von Hubert Prachensky. Sie ist dem hl. Christophorus, dem Schutzpatron der Reisenden, und dem hl. Johannes von Nepomuk, dem Brückenpatron, geweiht. Den Freskenzyklus der Kapelle malte 1964 Karl Plattner aus Mals in Südtirol.

In Gleins baute man 1970 eine *Kapelle* nach den Plänen des berühmten aus Fulpmes stammenden Architekten Clemens Holzmeister. Sie birgt u.a. ein Altarbild der Heiligen Familie mit den hll. Andreas und Valentin.

Bemerkenswerte Häuser sind: die ehemalige *Poststation* (Römerstraße 24, gegenüber der neugepflanzten „Goethe-Zirbe") mit schönen 1965 aufgedeckten Fresken; der imposante Gasthof *„Domanig"*, den mehrere Erker und zahlreiche barocke Einzelfresken schmücken (eine Gedenktafel erinnert an den Wirt, Postmeister und Vertrauten Andreas Hofers, Elias Domanig. Das Haus wurde in den letzten Jahren modernisiert und für Gemeindezwecke umgebaut); der freskengeschmückte Gasthof *„Schönachhof"* (Nr. 25) am westlichen Ortseingang und der prächtige *„Stolzenhof"* mit seinem steingerahmten Korbbogenportal. Seine Fenster sind mit gemalten Architekturrahmungen verziert, auf der Fassade prangt über einer Sonnenuhr ein großes Fresko der Immaculata.

Beim 1846 errichteten Gasthof „Stefansbrücke", am Beginn der alten Brennerstraße, erinnert ein kleines Denkmal, das sogenannte *„Papstl"*, an Papst Pius VI., der 1782 auf der Rückreise von Wien nach Rom über den steilen Schönberg zog. Wegen der schmutzigen Straße gestattete der Heilige Vater den herbeieilenden Wipptalern den Ringkuß anstatt des vorgeschriebenen Fußkusses.

Im *Gemeindepark* befinden sich der Musikpavillon und das im Jugendstil gestaltete Denkmal für den Wiener Arzt Dr. Kretschy (1846 - 1898). Auf einem herrlichen Aussichtspunkt steht die 1890 errichtete *„Wittingwarte"*, die einzige bekannte Aussichtswarte Nordtirols.

Freizeitmöglichkeiten

Sommer: Gemeindepark, Platzkonzerte, Theateraufführungen, hoteleigenes Freischwimmbad, Sauna mit Massagen, Tennishalle mit aufschiebbarem Dach, Schießstand, Sportplatz, Bücherei, Spieleverleih.

Wanderungen und Bergtouren

- Waldweg nach Mieders: 3/4 Std.;
- von dort in einer weiteren Stunde nach Fulpmes; über Mieders zum Stollensteig und über die Europakapelle und das Autobahn-Rasthaus zurück nach Schönberg: 2 1/2 Std.;
- über die Europabrücke nach Patsch (1001 m): 1 Std.;
- über die Europabrücke, am Wasserschloß des Ruetzwerkes vorbei zur Stefansbrücke (715 m) nach Unterberg, weiter über die Ruetz zum Gallhof (978 m) und über den Wiesenhof (833 m) und Mieders zurück nach Schönberg: 3 1/2 Std.;

- durch Wald und Lärchenwiesen zu den Gleinser Höfen (1412 m, Jausenstation, herrliche Aussicht auf das Stubaital, die Serles und die Kalkkögel): 1½ Std.;
- über Gleins und die Gleinser Mähder auf das Gleinser Jöchl (1879 m) und zum vielbesuchten Wallfahrtsort Maria Waldrast (1641 m); diese Wanderung ist vor allem zur Zeit des Bergfrühlings im Juni und Juli für den Botaniker sehr lohnend: 3½ Std.;
- über Gleins zum Zirkenhof und auf dem Waldweg von Mieders zurück nach Schönberg: ca. 4 Std.;
- über Gleins und den Gleinser Berg (1667 m) auf den Rinderberg (1720 m) und zurück nach Schönberg: 5 Std.;
- über Gleins, die Gleinser Mähder (markiert) nach Mietzens und auf der Waldraster Straße nach Matrei: 4½ Std.;
- Als eine interessante Themenwanderung ist der geschichtliche Rundgang bei Schönberg zu empfehlen: Kirche Schönberg – Gasthaus Domanig (Einkehrmöglichkeit) – Aussichtswarte beim Park – Goetheruhe – Schöberlhof – Europakapelle – Europabrücke – Naturdenkmal Erdpyramiden – Denkmal Papstl – Stefansbrücke (Einkehrmöglichkeit) – entweder zu Fuß oder mit Taxi zurück: ca. 4½ Std.

Winter: Schibus zu den Stubaier Schigebieten; in Schönberg beginnt die Stubaier Langlaufloipe, die mit allen Zusatzschleifen 68 km lang ist; ab Gleinser Hof Einstieg in die 33,5 km langen, zwischen 1480 und 1770 m Höhe gelegenen Serles-Schiwanderloipen; 3 km lange, beleuchtete Rodelbahn.

Auskunft: A-6141 Schönberg, Tourismusverband
Tel.: 05225/62235, Fax: 05225/63843, Internet: www.tiscover.com/stubai,
E-mail: stubai@netway.at
Bahnstation: Innsbruck (13 km), Busverbindung.

Mieders

942 m Seehöhe, 1.530 Einwohner

Mieders, Kalvarienberg gegen Serles

Der schmucke Ferienort im vorderen Stubaital schmiegt sich an die sanftgeneigten Wiesenhänge einer ausgedehnten Terrasse, etwa 100 m oberhalb der Ruetzschlucht. Über Wiesen und Wäldern türmt sich die herrlich geformte *Serles* (2718 m), die Alexander von Humboldt, einer der größten Naturforscher der Neuzeit, als den schönsten Berg der Alpen rühmte. Ihr Gipfel ist der höchste Punkt des Gemeindegebietes. Obwohl die verkehrsmäßige Lage durch die nur 1 km entfernte Autobahn sehr günstig ist, konnte der Ort durch eine großzügig angelegte Umfahrungsstraße von jeglichem Durchzugsverkehr freigehalten werden, sodaß sich Mieders mit Recht als „Oase der Ruhe" bezeichnen kann. Beeindruckend ist die Gebirgslandschaft, die den Ort, der sich als Mischtyp zwischen Haufen- und Straßendorf darbietet, umgibt. Die schönste Aussicht genießt man vom kleinen *Kalvarienberg*: da grüßen im Hintergrund die vergletscherte Pfaffengruppe und die Schaufelspitze, wo man seit dem

Bau der Stubaier Gletscherbahn das ganze Jahr über Schifreuden genießen kann, links davon erheben sich der Elfer und der Zwölfer sowie der mächtige, vielgerühmte Habicht und die Serles; rechts erblickt man die Pfandl- und die Brennerspitze, die Schlicker Seespitze, die Riepen- und die Ochsenwand, die Machreisenspitze und den Ampferstein in den dolomitenähnlichen Kalkkögeln.

Zum Gemeindegebiet von Mieders gehören noch die Fraktionen *Kirchbrücke* an der Ruetz, *Mühltal*, etwa 1 km südwestlich des Dorfes, *Riedhof* im Osten und der in etwa einer Gehstunde erreichbare, hoch über dem Tal einsam gelegene *Zirkenhof* (1204 m, Jausenstation).

Die wirtschaftliche Struktur der Gemeinde wird vom Fremdenverkehr, von der Landwirtschaft, aber auch von Gewerbe und Handel geprägt.

Geschichte

Der aus vorrömischer Zeit stammende Ortsname taucht schon um 1130 zunächst als Miders und Myeders und später als Miederes auf. Einige Namensforscher leiten ihn vom keltischen „bidaras" (bi – klein, daras – Wohnung) ab und deuten ihn als „Siedlung kleiner Bauerngehöfte". Auf dem Zauberbichl wurden frühgeschichtliche Siedlungsspuren aus der La-Tène-Zeit festgestellt. 1396 wird Mieders als „Oblei", was heute soviel wie Gemeinde bedeutet, bezeichnet. Von 1690 bis 1797 und von 1826 bis 1923 war Mieders Sitz des Gerichtes für das Stubaital (nach 1826 auch für die Gemeinde Ellbögen). An den ehemaligen Gerichtssitz erinnert das *Gemeindewappen*: ein weiß-rot schräg rechts geteilter Schild, zwei gekreuzte schwarze Schmiedehämmer und darunter eine schwarze Waage als Symbol der Gerichtsbarkeit. Die beiden Hämmer zeugen vom einstigen Silber- und Eisenbergbau, der im 16. und 17. Jahrhundert im Mühltal am Fuße der Serles betrieben wurde. Auch die Bezeichnungen „Silbergasse" und „Arztal" künden vom erloschenen Bergsegen. Erwiesenermaßen stammt das Wappen von dem in Mieders gebürtigen Fronboten Eberhardt Puettel, der 1344 urkundlich genannt wird.

Eine pietistische *Ketzerbewegung* erregte im 17. Jahrhundert die Stubaier. Ihr Prophet war Paul Lederer, ein Küfergeselle aus Mieders. Er lehnte Papst, Bischof und Pfarrer ab. Schließlich wurde er 1621 in Innsbruck eingesperrt, enthauptet und sein Leichnam verbrannt.

Johann Jakob Staffler berichtet in seiner Tirol und Vorarlberg umfassenden Topographie schon 1842 vom aufkommenden Fremdenverkehr in Mieders: „Ein Klima, selbst im höchsten Sommer durch kühlende Fernerlüfte (Ferner – Gletscher) sehr gemäßigt, macht diesen Ort zu einem beliebten Erfrischungsplatze für die Bewohner Innsbrucks." Damals schätzte man auch das vielbesuchte *Mineralbad*, das vor allem die Brixner Fürstbischöfe veranlaßte, Mieders zu ihrer Sommerresidenz zu erwählen. „Westlich, 1/4 Std. von Mieders, am Bergabhange gegen die Ruetz, steht eine Badeanstalt, deren Quelle schwefelsaure Bittererde, kohlensaure Bitter- und Kalkerde, Chlorkalium und salpetersaure Magnesie enthält, und gegen Rheumatismen, Verstopfungen in den Unterleibsorganen, Hautausschläge und vorzüglich in Drüsenleiden Dienst leistet" (Staffler). In Fortsetzung der langen Badetradition eröffnete man 1927 das erste Freibad im Stubaital, bei dem Damen und Herren, um eine „Sittenverderbnis hintanzuhalten", getrennte Badezeiten hatten. Das vom Verfall bedrohte Schwimmbad wurde in den letzten Jahren geschmackvoll renoviert und im Sommer 2000 neu eröffnet. Seit 1971 ist Mieders nicht nur eine beliebte Sommerfrische, sondern auch ein gern besuchter Wintersportort. In diesem Jahr wurde der große, 2100 m lange Serleslift auf das Koppeneck (1605 m) unterhalb des Waldraster Jöchls eröffnet.

Ein gebürtiger Miederer war *Simon Kapferer* (1778 - 1856), der schon mit elf Jahren im Leinengeschäft seines Vaters mitarbeitete. Durch seine kaufmännische Tüchtigkeit und die Beteiligung an einer Reihe von industriellen Unternehmungen wurde er bald zu einem der reichsten Männer Tirols. Während des Tiroler Freiheitskampfes 1809 unterstützte er mit großen Geldsummen Andreas Hofer. Später spendete er einen Teil seines Vermögens für den Wiederaufbau der von den Franzosen gebrandschatzten Stadt Schwaz und für andere wohltätige Zwecke.

Aus Mieders stammen u.a. auch zwei besonders erfolgreiche Wintersportler: der Viererbob-Olympiasieger *Ingo Appelt* und das Rodler-As *Markus Prock*.

Sehenswürdigkeiten

Weithin sichtbar ist der schöne, 53 m hohe gotische Spitzturm der *Pfarrkirche zu Unserer Lieben Frauen Geburt*. Eine Urkunde nennt schon 1348 eine Kirche in Mieders. Sie gehörte damals zur Pfarre Telfes, die das ganze Stubaital umfaßte. Die im 15. Jahrhundert errichtete größere gotische Kirche ist das älteste Gotteshaus im Tal; sie wurde 1737 bis 1739 unter der Leitung des bekannten Priesterbaumeisters *Franz de Paula Penz* im Innern barockisiert. Als Kaiser Josef II. 1785 die Wallfahrt in Maria Waldrast verbot und die dortige Kirche geschlossen werden mußte, übertrug man das hochverehrte Gnadenbild in die Kirche von Mieders. Dort verblieb es 60 Jahre lang bis zur Wiedererrichtung der Waldrast 1846. Vom Waldraster Gotteshaus stammt auch das Kirchenpflaster, das die Bauern von Mieders unentgeltlich in das Dorf transportierten. Nur die Kosten für 14 Liter Schnaps sind damals dem Kirchensäckel erwachsen. *Anton Gigl*, der berühmte aus Wessobrunn stammende „Stuckatorer", der die herrlichen Bandlwerkarbeiten am Helblinghaus in Innsbruck schuf, schnitt die zarten Frührokokostuckaturen im Kircheninnern. *Jakob Jenewein* malte 1739 die schönen Deckengemälde (Himmelfahrt Mariae, Mariae Geburt, Heilige empfehlen die Ortskirche dem Schutz der Dreifaltigkeit), von ihm sind auch das Altarbild mit dem hl. Sebastian sowie die Kreuzwegbilder. Der aus Mieders stammende Künstler wurde in Rom ausgebildet und arbeitete als angesehener Hofmaler der Brixner Fürstbischöfe. Beim Ausmalen der Kirche in Pens im Sarntal stürzte er vom Gerüst und starb erst 32jährig (1746).

Sehr schön sind auch die barocke Kanzel, das prächtige Orgelgehäuse sowie die beiden Spätrokoko-Seitenaltäre mit hervorragenden Schnitzarbeiten von *Johann Perger* aus Stilfes bei Sterzing, der auch den großartigen Hochaltar in der Steinacher Kirche schuf. Anläßlich der 1990 begonnenen Innenrestaurierung der Kirche entdeckte man Mauerreste einer frühchristlichen Kirche aus dem frühen 8. Jahrhundert.

Im gepflegten Friedhof steht die als Totenkapelle verwendete *Kreuzkirche*. Es ist ein massiger, sich nach oben verjüngender Bauwürfel aus dem 14. Jh. Im barockisierten Innenraum hängt ein überlebensgroßes gotisches Kruzifix aus der Zeit um 1500, das zu den bedeutendsten Kreuzen Nordtirols zählt.

Auf dem Tafelbühel, der eine herrliche Aussicht gewährt und wahrscheinlich schon in vorgeschichtlicher Zeit als Kultplatz diente, steht die 1843 eingeweihte, stimmungsvolle *Kalvarienkapelle* (Kriegerdenkmal).

Bemerkenswerte Häuser sind das ehemalige ansitzartige *Gerichtsgebäude* (Nr. 3) mit einem rundbogigen Mittelportal am Ostende des Ortes, das Fürstenhaus (Nr. 86), der ehemalige Sommersitz des Brixner Fürstbischofs Franz Karl Graf von Lodron mit einer Fassadenmalerei aus der Zeit um 1800; der geschmackvoll restaurierte Ansitz *„Wälsung"* (Arzthaus); der *„Senner"* (Nr. 31), ein freskengeschmückter, prächtiger Haufenhof hoch über dem Dorf, wo der Weg zur Waldrast beginnt, und der *Weberhof* (Nr. 35), in dem der Barockmaler Jakob Jenewein 1691 geboren wurde. Kunsthistoriker vermuten, daß er selbst die lieblichen kleinen Erkerfresken und das schöne Mariahilfbild malte.

Am westlichen Ortseingang steht der schon seit 1400 bekannte gemauerte *„Kornkasten"*, in dem das Getreide für die Schloßherren in Matrei gesammelt wurde. Sehenswert ist auch die restaurierte „Sternmühle" (Nr. 33), in der man wieder Mehl mahlen kann.

Freizeitmöglichkeiten

Freischwimmbad, Hallenbad und Sauna im 3 km entfernten Telfes, Tennisplätze, modernste computergesteuerte Kegelbahn Österreichs, Fahrradverleih, Mountainbike, Sportschießen (Wettbewerbe), Sommerschilauf am Stubaier Gletscher (26 km), Fischen, organisierte Wandertage, Themenwanderungen, Erwerb der Wandernadel, Sessellift auf das Koppeneck (Talstation 982 m, Bergstation 1625 m, Fahrtdauer 20 Min).

Wanderungen und Bergtouren

- Zum Gasthof „Kirchbrücke" direkt am Ruetzbach: ½ Std.;
- zur Jausenstation „Gallhof": ¾ Std.;
- auf dem Stollensteig über die Kapelle an der Europabrücke nach Schönberg, sehr lohnend: 2 Std.;
- über den Gasthof „Kirchbrücke" der Ruetz entlang nach Fulpmes: 1 St.; auf dem Waldweg über Gschnals und das Jagerhäusl nach Fulpmes: 1¾ Std.;
- über die Kirchbrücke nach Telfes: 1 Std.;
- am verbauten Zirkenbach entlang zur Jausenstation „Zirkenhof": 1 Std.; zum Alpengasthof „Sonnenstein": 1½ Std.;
- zur Wallfahrtskirche und zum Gasthof „Maria Waldrast" (1641 m): 2½ Std.;
- über den Zirkenhof zu den aussichtsreichen Gleinser Höfen (1412 m): 1½ Std.;
- Mieders, Wassertal zur Ochsenhütte (1582 m): 2 Std.
- Waldweg nach Schönberg: 1 Std.
- Interessant ist die Hochmoorwanderung: Mieders – Zirkenhof – Hocheben – Gleinser Mähder – Zanggerbrunnen – Ochsenhütten (Einkehrmöglichkeit) – Koppeneck (Einkehrmöglichkeit) – entweder mit Lift oder zu Fuß ins Tal. Wanderzeit ca. 5 Std.

Wanderungen und Bergtouren von der Sessellift-Bergstation und dem Panoramarestaurant Koppeneck:

- Zur Ochsenhütte: 20 Min.
- Jöchl (1879 m) – Gleinser Mähder: 1½ Std.;
- Zirkenhof (1205 m): 1 Std.;
- Maria Waldrast (höchstgelegenes Kloster Europas mit seinen energetischen Heilquellen): 1 Std.;

- nach Gleins und über Nockbödele nach Mieders: 2½ Std.;
- Rundwanderweg über Ochsenhütte, Quellenweg zur Waldrast und retour zur Bergstation: 3 Std.;
- Serles (2718 m) mit weitreichender Aussicht auf die Stubaier Gletscher, Dolomiten, Kalkkögel sowie auf das Stubai-, Wipp- und Inntal, sehr lohnend: 3½ Std.;
- Blaserhütte (2176 m): 3 Std.;
- Matrei: 3 Std.;
- zum Alpengasthof „Gleinserhof", herrlicher Ausblick (1421 m): 2 Std.;
- Schönberg: 3 Std.;
- Mieders: 1½ Std.;
- Fulpmes: 1½ Std.

Winter: Sessellift aufs Koppeneck, 3,5 km lange, beliebte Familienabfahrt, 3 Schlepplifte; Langlaufen: beim Verkehrsverein befindet sich einer der Einstiege in die Stubaier Talloipe, die mit allen Zusatzschleifen 68 km lang ist; einmalige Schiwandermöglichkeiten bieten die zwischen 1480 und 1770 m Höhe gelegenen 33,5 km langen Serles-Schiwanderloipen, die beim Panoramarestaurant am Koppeneck ihren Ausgangspunkt haben (Langlaufnadeln), Eislaufen, Rodeln, 20 km geräumte Wanderwege.

Auskunft: A-6142 Mieders, Tourismusverband
Tel.: 05225/62530, Fax: 05225/64185, Internet: www.tiscover.com/stubai,
E-mail: stubai@netway.at
Bahnstation: Fulpmes (Stubaitalbahn 3 km), Innsbruck 15 km; Busverbindung.

Telfes

994 m Seehöhe, 1.300 Einwohner

Telfes gegen Habicht und Zuckerhütl

Etwa 100 m über dem linken Ufer des Ruetzbaches breitet sich der aufstrebende stattliche Ferienort auf einer sanft geneigten, sonnigen Mittelgebirgsterrasse aus. Wiesen und Felder sowie das landschaftliche Kleinod der nahezu unberührten *„Telfer Lärchenwiesen"* umgeben das schöne Dorf, das trotz des starken Winter- und Sommerfremdenverkehrs noch weitgehend seinen bäuerlichen Charakter bewahrt hat. Telfes liegt abseits des Durchzugsverkehrs an der romantischen Stubaitalbahn, die Innsbruck mit Fulpmes verbindet (Telfes – Innsbruck 17 km). Nur eine 2 km lange Asphaltstraße führt ins Talinnere nach Fulpmes. Zum Gemeindegebiet gehören die Fraktionen *Plöven* am schluchtartigen Eingang des Schlicker Tales, das in seinem oberen wildromantischen Teil von den Einheimischen *„Plövener Loch"* genannt wird, *Gagers* und *Kapfers* am Fuße des 2142 m hohen Nederjoches, dessen Baum- und

Latschenbestand 1947 durch einen verheerenden Waldbrand vernichtet wurde, sowie die Weiler *Falschmair, Gerstbichl und Luimes.* Im idyllischen Talboden der Ruetz liegt der behäbige *Wiesenhof*, oberhalb der Ruetzschlucht auf dem halben Wege nach Unterberg der *Gallhof*, hinzu kommen noch die *Pfarrachalm* (1736 m, mit Gasthaus), der auf einer aussichtsreichen Wiesenterrasse gelegene Gasthof *„Froneben"* (1316 m) und die als Schizentrum bekannte *Schlicker Alm* (1616 m). Höchster Punkt des Gemeindegebietes ist mit 2804 m die Schlicker Seespitze in den Kalkkögeln.

Während früher die Landwirtschaft der Haupterwerbszweig im Tal war, ist es heute der Fremdenverkehr. Vor allem als Berglaufgemeinde hat Telfes einen internationalen Ruf. So fanden hier 1990 und 1996 die Weltmeisterschaften im Berglauf statt. In Plöven am Schlicker Bach bestehen sieben eisenverarbeitende Betriebe. Viele Ortsbewohner arbeiten in der Stubaier Werkzeugindustrie.

Geschichte

Frühbronzezeitliche Funde am Muiggnbichl in Falschmair bezeugen die vorgeschichtliche Besiedlung des Telfer Raumes. Auch auf der „Giburga", einem Hügel südlich des Ortes, stand wahrscheinlich eine prähistorische Wehrsiedlung. Hier vermutet man die einstige Burg der Herren von Stubai.

1976 wurde zwischen dem Wiesenhof und der Jausenstation „Gallhof" bei der Anlage des neuen Fahrweges eine urzeitliche Zisterne mit reichlich mineralisiertem Wasser entdeckt. Dr. G. Kaltenhauser hat in der höhlenartigen Zisterne über 200 meist guterhaltene Tongefäße und durchbohrte Fußknochen von Schafen und Ziegen aus der Epoche der Fritzens-Sanzeno-Kultur (4.–1. Jh. v. Chr.) gefunden. Auf den als Amulette verwendeten Tierknochen und auf der Keramik sind oft Zeichen im subalpinen Alphabet eingeritzt, die vielleicht als Kürzel der Heilgöttin Rhetia stehen. Kaltenhauser vermutet, daß sich hier ein der Göttin geweihtes Quellheiligtum befand: „Quellen und Höhlen waren ja nach allgemeinem Volksglauben die Verbindung zwischen Ober- und Unterwelt."

Der uralte Ortsname Telfes wird von einer indogermanischen Sprachwurzel ("tellevo") abgeleitet und soll „nutzbarer Boden" bedeuten. Er wird 1133 erstmals als Telves urkundlich erwähnt. Schon damals bestand die *Mutterpfarre Telfes*, die das ganze Stubaital umfaßte und zu den ältesten Pfarreien Tirols zählt. Hier war auch der älteste Gerichtssitz und die alleinige Dingstätte für das Tal. Da die Einkünfte des Gerichtes zum Unterhalt der landesfürstlichen Hofküche dienten, bezeichnete man es später als „Hof-und Kuchelgericht".

Erst 1690 verlegte man den Gerichtssitz nach Mieders. Seit 1967 schmückt ein aufrechter, nach rechts gewendeter schwarzer Luchs im goldenen Feld das der Gemeinde verliehene Wappen. Es ist das Siegel der Karlinger, des ältesten, 1410 erloschenen Rittergeschlechtes in Telfes.

Schon sehr früh gab es hier das *Schmiedehandwerk.* In Plöven stand die urkundlich älteste Schmiede des Stubaitales (1541) mit einem Hammer und einem Schleifstein. Es gab auch das Hammerwerk eines Kupferschmiedes mit fünf Hämmern. Eine gewisse gewerbliche Bedeutung erlangte das Dorf zur Zeit des Stubaier Händlertums; erst als im 19. Jahrhundert die Fabriken billigere und feinere Eisenwaren lieferten, verloren die Telfer Eisenwarenhändler an Bedeutung.

Immer wieder wurde Telfes von Bränden und Lawinen heimgesucht; so brannten 1891 fast alle westlich der Kirche gelegenen Häuser im Dorf ab. 1947 wütete oberhalb des Dorfes wochenlang ein Waldbrand. Millionenbeträge verschlingt die Lawinenverbauung, die vor allem den Ortsteil Kapfers schützen soll.

In Luimes bei Telfes wurde *Ludwig Penz* (1876 – 1918), der große Stubaier Bildhauer, geboren. Von ihm stammen u.a. das Speckbacherdenkmal in Hall, das Denkmal für den Landsknechtführer Georg Freundsberg in Schwaz und der „Schmied" von Fulpmes im dortigen Schmiedemuseum. Als sein eigentliches Arbeitsgebiet betrachtete er die Holzschnitzerei; seine Figuren waren nur selten über 20 cm hoch. Dem starken religiösen Empfinden von Penz und Josef Bachlechner ist es zu verdanken, daß in Tirol die Krippe wieder volkstümlich wurde.

Sehenswürdigkeiten

Weithin sichtbar steht auf einem Geländerücken die stattliche *Pfarrkirche zu Ehren des hl. Pankratius*, den die Bauernregel mit Servatius und Bonifatius zu den Eisheiligen zählt. Als 1753 der als Kirchenbauer berühmte *Franz de Paula Penz* die uralte Telfer Pfarre als Seelsorger übernahm, fand er eine baufällige kleine gotische Kirche vor. Vergeblich versuchte er, die Telfer davon zu überzeugen, daß diese niedergerissen und an ihrer Stelle eine größere errichtet werden sollte. Da er jedoch die Dorfbewohner nicht für seine Absicht gewinnen konnte, griff er zur Selbsthilfe. Als einmal alle auf ihren Wiesen und Äckern arbeiteten, ließ er das Gewölbe der alten Kirche einschlagen und zwang damit die Telfer, einen Kirchenneubau zu akzeptieren. Von der alten Kirche ist nur der schöne 63 m hohe Turm erhalten geblieben. Hier hängt eine große Glocke, die als mächtige Bezwingerin unheilbringender Unwetter gilt. Der Tiroler Dichter Prem berichtet, daß das Wetter gegen die Ortschaft Kreith zieht, wenn sie rechtzeitig geläutet wird. Das merkten mit der Zeit auch die Kreither Bauern, und so boten sie den Telfern 2.000 Gulden, wenn die Glocke bei einem Unwetter nicht mehr geläutet werde. Aber diese lehnten das Angebot ab, und seither müssen die Kreither sich die Felder verhageln lassen.

Prachtvoll ist das große, 1756 vollendete barocke Gotteshaus, das der aus Telfs im Oberinntal stammende Maler *Anton Zoller* mit herrlichen *Deckengemälden* schmückte. Im Schiff sind Szenen aus dem Leben des Kirchenpatrons und in der Kuppel die von den Ständen verehrte Rosenkranzmadonna dargestellt. Im Chor sind die Verehrung der Eucharistie durch Engel, der Evangelist Johannes, Johannes der Täufer und die hll. Isidor und Notburga abgebildet. Vom damals 62jährigen Zoller stammen auch das Bild des hl. Pankratius über dem geschnitzten Eingangstor, die vom berühmten Kartographen Peter Anich konstruierte, mit Putten und Tierkreiszeichen geschmückte Sonnenuhr an der südlichen Außenwand der Kirche sowie die beiden Seitenaltarblätter. Die eindrucksvolle *Kreuzgruppe* im Chor wird dem aus Stilfes bei Sterzing stammenden Bildhauer Johann Perger zugeschrieben. Am rechten Seitenaltar ruht der Leib des römischen Märtyrers Facundus, den die Telfer 1761 von den Englischen Fräulein in Brixen erwarben. Die überlebensgroße Herz-Jesu-Statue im Querhaus ist ein Werk von Hans Buchgschwendter aus Matrei (1946). Am Chor erinnert ein Grabstein an den Schöpfer der Kirche, Franz de Paula Penz, der auch das westlich der Kirche gelegene Pfarrhaus errichtete. Das Gotteshaus wurde 1957 renoviert und nach den Plänen von Clemens Holzmeister innen neu gestaltet. Die architektonisch interessante polygonale *Kapelle* im neuen Friedhofsteil wurde von Ekkehard Hörmann 1977 erbaut.

Zahlreiche schöne *Bauernhöfe* weisen oft eine reiche Fassadenmalerei auf, so das *„Zwölferhaus"* (Nr. 24/25) und das Haus Nr. 35 östlich von der Kirche mit zwei bemerkenswerten Renaissancefresken aus dem Ende des 16. Jahrhunderts. Interessant an diesen Wandgemälden ist die Darstellung des voll gerüsteten hl. Florian, der einen Herzogshut trägt, und des hl. Christophorus, der einen mittelalterlichen Bauernkittel und kurze Oberschenkelhosen mit Wülsten nach der Mode der Renaissance trägt. Eine Nixe und ein Fisch symbolisieren das Wasser, durch das er watet. Die ursprünglich nackt gemalte Nixe ist von einem Künstler bekleidet worden.

In Gagers fallen besonders die Häuser Nr. 3 (Waldraster Muttergottes und Kreuzigung) und ein mächtiges fünfgeschoßiges Doppelhaus (Nr. 7/8) auf. Es war ursprünglich von Franz de Paula Penz als Altersheim für Geistliche und als Frauenkloster geplant. Die hervorragenden Fresken von Josef Anton Zoller stellen den hl. Kassian mit Schulkindern und den Heiland als Guten Hirten dar.

Ein interessantes und lehrreiches Erlebnis für jung und alt ist der Besuch des von Mathias Premm aufgebauten und sachkundig betreuten *Greifvogel-Parks* in Luimes. Hier kann man europäische Greifvogelarten wie Falken, Uhus, Geier und Eulen beobachten und sich bei einem geführten Rundgang über deren Lebensweise und Aufgaben in der Natur informieren. Bei Flugwetter können die Vögel auch im Freiflug beobachtet werden.

Freizeitmöglichkeiten

Bücherei, Freischwimmbad mit 80 m langer Wasserrutsche, Hallenbad mit Sauna, Dampfbad und Whirlpool, Tenniscamp Stubai mit Freiplätzen und Halle (eine der größten Tennisanlagen Westösterreichs), Gästekindergarten, Fitnessparcours und Forstmeile, Schießstand, Fahrradverleih, Reitmöglichkeit, Pferdekutschenfahrten, Kegeln, Greifvogelpark, organisierte Wandertage, Erwerb der Wandernadel, Bergsteigerschule, Sesselbahnen von Fulpmes (960 m) über Froneben (1316 m) aufs Kreuzjoch (2136 m).

Wanderungen und Bergtouren

- durch Wiesen und schöne Lärchenwälder zum Gasthof „Stockerhof" (1156 m), Blick auf Innsbruck und auf die Europabrücke: 1½ Std.;
- über den Wiesenhof zum Gasthaus „Gallhof": 2 Std.;
- über die vor allem im Frühling und im Herbst einmalig schönen Telfer Wiesen und über den Kreither Graben nach Mutters: 2½ Std.;
- zur Kreither Alm (1492 m): 2 Std., Rückweg über den Nederamtswald und den Stockerhof nach Telfes: 2 Std., Gesamtgehzeit: 4 Std.;
- über die aussichtsreiche Pfarrachalm (1736 m): 2 Std., auf die Saile (Nockspitze, 2406 m), herrliche Aussicht über das gesamte Stubaital: 4 Std.;
- über Gagers in 2 Std. zum Ißboden (1672 m); dann weiter übers Halsl (1992 m) hinunter zur Axamer Lizum (1564 m): 4½ Std.;
- über Plöven durch das Plövner Loch zur Schlicker Alm (1616 m): 2 Std.;
- über Vergör, die Knappenhütte (1750 m) und die Kaserstattalm (1890 m) zur Starkenburger Hütte (2237 m): 4 Std.;
- als Themenwanderung wird der Panoramaweg bei Telfes empfohlen: Telfes – Plöven – Plövner Loch – Schlicker Boden – Berglerbründl – Pfarrachalm (Einkehrmöglichkeit) – Kreither Alm (Einkehrmöglichkeit) – Stockerhof (Einkehrmöglichkeit) – Telfer Wiesen – Telfes: ca. 6 Stunden.

- über die Kirchbrücke und den Gasthof „Sonnenstein" (1365 m) nach Maria Waldrast (1641 m): 3 Std.

Winter: mit dem Gratisschibus erreicht man die Talstation des „Skizentrums Schlick 2000", 1 Gondelbahn, 1 Vierersessellift, 8 Schlepplifte; 68 km lange Talloipe Stubai, Naturrodelbahn, geräumte Wanderwege, nächtliche Fackelwanderungen.

Auskunft: A-6165 Telfes, Tourismusverband
Tel.: 05225/62235, Fax: 05225/63843, Internet: www.tiscover.com/stubai,
E-mail: stubai@netway.at
Bahnstation der Stubaitalbahn.

Die Schlick

Oberhalb von Fulpmes liegt zwischen den Westhängen des Burgstalls sowie des Sennesjöchls und dem Ostabfall der schroffen, dolomitenähnlichen Kalkkögel der landschaftlich reizvolle, wegen seiner zauberhaften Alpenflora bekannte Talkessel der Schlick. Im Sommer ist die Schlick ein beliebtes Wandergebiet. Die Auffahrt mit der 6er-Gondelbahn führt in der ersten Teilstrekke von Fulpmes nach Froneben (1316 m); sie erspart den steilen einstündigen Aufstieg und gewährt gleichzeitig einen herrlichen Rundblick. Von Froneben führt ein mäßig ansteigender, bequemer Weg durch das blumenreiche Schlicker Tal in etwa einer Stunde zur ganzjährig bewirtschafteten *Schlicker Alm* (1616 m). Von diesem Stützpunkt aus bieten sich zahlreiche Wanderungen und Bergtouren der verschiedensten Schwierigkeitsgrade an. Beliebt ist der Übergang zur Adolf-Pichler-Hütte (1977 m) über die Alpenklubscharte (2396 m), die zwischen der Kleinen Ochsenwand und den Schlicker Nadeln liegt (3 Std.). Dem Bergerfahrenen steht auch ein anspruchsvoller *Klettersteig* zur Verfügung. Sein Einstieg befindet sich am Südfuß der wuchtigen Großen Ochsenwand. Der Klettersteig erfordert in Anbetracht der 760 Höhenmeter, die zu überwinden sind, beste Kondition.

Zwei Rinder auf der Alm

Sehr lohnend ist eine Wanderung von Froneben zur *Galtalm* (1634 m, 1½ Std.). Von hier aus geht es über latschenbewachsene Hänge weiter zur *Knappenhütte* (1750 m), einem Berggasthaus, das in einem Gebäude des aufgelassenen Eisenbergwerkes untergebracht ist. In der Nähe der Hütte kann man noch einen Stollen sehen. Dann gabelt sich der Weg: ein Steig führt zum Sennjoch (2190 m), ein zweiter Wanderweg über die *Kaserstattalm* (1890 m), einem der schönsten Aussichtsplätze des ganzen Stubaitales, zur südlich unter dem Hohen Burgstall gelegenen *Starkenburger Hütte* (2237 m, 3 Std.). In 2 weiteren Stunden erreicht man über das Seejöchl (2518m) die *Adolf-Pichler-Hütte* (1977 m).

Von der Mittelstation *Froneben* führt die 6er-Gondelbahn weiter auf das *Kreuzjoch* (2136 m). Von der Sonnenterrasse des Bergrestaurants, in dessen Nähe sich die Startplätze für Para- und Hängegleiter befinden, genießt man eine großartige Sicht. Die Bergstation ist Ausgangspunkt zahlreicher schöner Wanderungen und eines *Alpenpflanzen-Lehrpfades* mit über 60 beschilderten und beschriebenen Alpenpflanzen. Auf diesem Weg gelangt man in 15 Min. auch zu dem anläßlich des 100jährigen Bestehens der Fachschule bzw. HTL Fulpmes von Schülern und Lehrern angefertigten Gipfelkreuz des Kreuzjochs (2170 m). Im *Alpin-Erlebnispark der Schlick 2000* kann man auf einer Kletterburg im Klettergarten bei einem Abseilfelsen und einem Übungsklettersteig das Klettern trainieren.

Von Dezember bis April gilt die Schlick als eines der geselligsten Schi-Areale Tirols. Eine komfortable 6er-Gondelbahn, eine 4er-Sesselbahn und 6 Schlepplifte befördern ca. 11.000 Personen pro Stunde. Zehn Hütten, Restaurants, Eis- und Schirmbars stehen den Gästen zur Verfügung.

Schlick, Sennjochhütte gegen Kalkkögel

Fulpmes

937 m Seehöhe, 4.000 Einwohner

Fulpmes gegen Elfer

Das ansehnliche Haufendorf auf dem Schuttkegel des Schlicker Baches, der die Ruetz bis an den Osthang des alten, etwa 1.000 m breiten Talbodens drängt, ist ein traditionsreicher Industrie- und Fremdenverkehrsort. Trotzdem hat das von Wiesen und Wäldern umgebene Fulpmes noch teilweise seinen ländlichen Charakter beibehalten. Immer wieder findet man im Dorf freskengeschmückte Bauernhäuser, malerische Winkel und rauschende Brunnen. Reizvoll ist hier, so wie überall im Stubaital, der Gegensatz zwischen dem von Gletschern gekrönten Urgebirge und dem wildzerklüfteten Kalkgestein. Etwa 1 km südwestlich vom Dorf liegt der Weiler *Medraz*, der früher wegen einer kohlensäurehältigen radioaktiven Heilquelle (gegen Rheuma und Krankheiten der Atmungsorgane) berühmt war. Im angrenzenden Medrazer Industriegebiet konnten sich die aus dem Zentrum von Fulpmes hierher verlegten Betriebe der Kleineisenerzeugung zu modernen Produktionsstätten von Sportartikeln sowie der Auto- und Werkzeugindustrie weiterentwickeln. Zum Gemeindegebiet gehören noch die Höfe *Gröben, Vergör, Omesberg und Rastbichl.* Höchste Punkte des Gemeindegebietes sind der Sonnenstein (2441 m) und das Kreuzjoch (2200 m), auf das eine Gondelbahn führt.

Geschichte

Funde aus der Bronzezeit und zahlreiche vorrömische Namen weisen auf eine frühe Besiedlung der Fulpmer Gegend hin. Fulpmes wird erstmals 1286 als Vultmeins urkundlich genannt. Im 15. Jahrhundert tritt der Ortsname, der auf eine vorrömische Sprachwurzel zurückgeht, als Wultmeis und Vulpes auf. Vom 16. bis zum 18. Jahrhundert schürfte man im Hochtal der Schlick und am Hohen Burgstall nach Eisen; vom Sonnenstein über Medraz holte man Silber und Gold. In Fulpmes bestand eine landesfürstliche Eisenschmelze. An diese *Zeit des Bergsegens* erinnern heute die Schmelzhüttengasse sowie die Herrengasse, in der die reichen Bergherren wohnten. Noch 1920 wurde bei der Knappenhütte (1750 m) unter dem Hohen Burgstall ein Stollen vorangetrieben, um Magnesit und Eisenglanz abzubauen. Wegen mangelnder Rentabilität mußte er jedoch aufgelassen werden.

Als der Bergwerksbetrieb allmählich schrumpfte und schließlich gänzlich aufhörte, wurden aus den Bergknappen im Laufe der Zeit Schmiede, die das zu bearbeitende Eisen von außen importierten. Zunächst versorgten sie mit ihren Produkten die nähere Umgebung, später brachten *Wanderhändler* ihre Eisenwaren nach Ostösterreich und Süddeutschland, in die Schweiz, ja sogar bis nach Lothringen. Es entstanden gutorganisierte Handelsvertretungen u.a. in Wien, Graz, Brünn und München. 1840 zählte man in Fulpmes 67 Werkstätten und 200 Schmiede. Entscheidend für ihr Überleben war das Jahr 1897, *als 30 Stubaier Werkzeugschmiede die Werkgenossenschaft* gründeten. Diese prägt auch heute noch mit ihren 36 Mitgliedsbetrieben das Bild des Ortes. Erzeugt werden Werkzeuge für Industrie, Landwirtschaft und Gartenbau, Haus- und Küchengeräte, Kunstschmiedearbeiten sowie weltberühmte Bergsportartikel. *Fulpmer Eispickel* sind die Begleiter zahlreicher Expeditionen, die auf die höchsten Berge der Welt führen. So rammte der unvergessene Hermann Buhl nach seinem Gipfelsieg am Nanga Parbat (Juli 1973) einen Aschenbrennerpickel in den Schnee des Himalajagipfels. Auch die Karabiner der englischen Marine und die Eispickel der eidgenössischen Armee kommen aus Fulpmes. Makaber mutet die Tatsache an, daß Leo Trotzki, der Gründer der Roten Armee, der später im Machtkampf gegen Stalin unterlag, 1940 in seinem mexikanischen Exil mit einem Fulpmer Eispickel ermordet wurde.

Im Jahr der Gründung der Werkgenossenschaft (1897) entstand auch die Fachschule für Eisen- und Stahlverarbeitung, aus der 1969 eine *Höhere Technische Lehranstalt für Maschinenbau und Fertigungstechnik* hervorging. Das von Clemens Holzmeister errichtete „Schülerheim Don Bosco" der Salesianer dient der Unterbringung der auswärtigen Schüler.

Eine große Rolle in der Geschichte des Dorfes spielte zu allen Zeiten der *Schlicker Bach.* Er war bis in die jüngste Vergangenheit der notwendige Energiespender für die Kleineisenindustrie, brachte aber auch durch verheerende Vermurungen immer wieder Not und Elend über das Dorf (z.B. 1807, 1855, 1869 und 1874). Um die große Bedeutung der Keineisenindustrie für den Ort zu dokumentieren, schmückt ein Schmiedeamboß das 1948 der Gemeinde verliehene *Wappen.*

Weit über die Grenzen Tirols drang der Ruf des 1903 vom Tischler Ludwig Hupfauf gegründeten Stubaier Bauerntheaters, das noch heute wegen seiner hervorragenden Aufführungen Anerkennung findet.

Bedeutende Persönlichkeiten

Groß ist die Zahl hervorragender Persönlichkeiten, die aus Fulpmes stammen. *Bischof Georg von Brixen*, geboren in Medraz, regierte von 1437 bis 1443. *Georg Tangl* (gest. 1787 als Dekan in Flaurling) ist mit Penz einer der Begründer und Vertreter des tirolischen Spätbarocks. In Brixen erbaute er das Priesterseminar und die Seminarkirche sowie das Kloster und die Kirche der Englischen Fräulein. Sein Bruder, *Philipp Jakob Tangl*, erwarb sich größte Verdienste um die Reform des Maria-Theresianischen Volksschulwesens in Österreich. Die Bauerntochter *Margarethe Mösl* wirkte im 18. Jahrhundert als Malerin im Künstlerkreis um Pfarrer Penz. *Johann Peter Denifle* wurde in Augsburg und in Wien als Maler ausgebildet. Er starb 1808 als königlicher Zeichenmeister in Innsbruck.

Der Granderwirt *Michael Pfurtscheller* wurde 1776 als Sohn eines Eisenhändlers geboren. 1797 nahm er an der Schlacht von Spinges teil. Während des Tiroler Heldenjahres 1809 war er der Anführer der Stubaier Schützen. Nach den Napoleonischen Kriegen galt er als der angesehenste Eisenwarenfabrikant des Stubaitales. Damals ging im Tal der kennzeichnende Spruch um: „Der Telfer Pfarrer, der Miederer Richter und der Fulpmer Grander, dös sein im Tal die drei greaßten Mander."

Der wohl bekannteste Fulpmer ist der international anerkannte Architekt, Kirchenbaumeister und Bühnenbildner *Prof. Dr. Clemens Holzmeister.* Er wurde 1886 als Sohn eines in früheren Jahren nach Brasilien ausgewanderten und später wieder nach Tirol zurückgekehrten Schmiedemeisters in Fulpmes geboren. Seine berühmtesten Bauten sind u.a. das Krematorium in Wien, das Alte und Neue Festspielhaus in Salzburg, das Landestheater in Linz, das Regierungsviertel in Ankara, das Ravag-Gebäude (Funkhaus) in Wien, das Berghaus am Hahnenkamm, das Haller Röhrenwerk sowie zahlreiche Kapellen und Kirchen in Österreich, Deutschland, Italien und Brasilien. Viele Jahre wirkte Holzmeister als Professor an der Akademie für Bildende Künste in Wien. Dreimal bekleidete er das Amt eines Rektors. Durch seinen jahrelangen und erfolgreichen Aufenthalt im Ausland (vor allem in der Türkei) prädestiniert, wurde ihm die Stelle des Präsidenten des Auslandsösterreicherwerkes übertragen. Holzmeister, der über 700 Bauten plante, starb 1983 und wurde im Friedhof St. Peter in Salzburg beerdigt.

Aus Fulpmes stammt auch der 1928 geborene akad. Maler *Prof. Herbert Danler*, der sich mit kräftigem Pinsel auf seinen schöpferischen Wanderungen durch die heimatlichen Alpentäler vor allem mit der „unglaublichen Verbindung von Architektur und Landschaft" auseinandersetzt. Der in Telfes lebende Künstler wirkte auch jahrelang sehr erfolgreich als eine der wichtigsten Kunsterzieher-Persönlichkeiten Tirols.

Sowohl regionale als auch internationale Zustimmung und begeisterte Aufnahme finden die Eisenplastiken, Zeichnungen, Aquarelle und Ölbilder von *Johann Maria Pittl*. Der 1949 in Fulpmes geborene, mehrmals preisgekrönte vielseitige Künstler wirkte u.a. als Schmiedemeister und Lehrer an der HTL für Metallbearbeitung. Und so hat er auch mit seinen Schülern mehrere bemerkenswerte Projekte verwirklicht, so z.B. den Dorfbrunnen in Fulpmes, das Gipfelkreuz auf dem Kreuzjoch und das jüdische Denkmal auf dem Landhausplatz in Innsbruck.

Sehenswürdigkeiten

Die Pfarrkirche zum hl. Vitus, der u.a. als Schutzpatron der Kesselschmiede und Bergleute gilt, wurde 1746/47 von Franz de Paula Penz erbaut. Das Fresko mit dem Kirchenpatron im Giebelfeld an der Außenfassade ist ein Werk des berühmten Augsburger Akademieprofessors Johann Georg Bergmüller. Er schuf auch die Deckenbilder im Innern, die mit der reichen Rokokostukkatur, welche Anton Gigl, dem aus Wessobrunn stammenden Meister des Innsbrucker Helblinghauses, zugeschrieben werden, die Hauptzierde der Kirche bilden. Die Skulpturen am Hochaltar stammen von Josef Stapf aus Pfronten, das Hochaltarblatt malte 1750 J. G. D. Grasmair; es stellt den Kirchenpatron Vitus inmitten der 14 Nothelfer dar. Die ursprünglichen Seitenaltargemälde sind Werke von

Grasmair (Immaculata) und von Josef Gru (hl. Martin) aus Verona. Sie hingen nach damaliger Umgestaltung der Seitenaltäre gegen hundert Jahre im Presbyterium, bis sie 1998/99 in neugeschaffene, im Rokoko nachempfundene Seitenaltäre wieder eingesetzt wurden, ebenso wie die Figuren der hll. Margarethe und Anna am linken und der hll. Petrus und Paulus am rechten Seitenaltar. Letzteren ziert auch die liebliche Sandsteinmadonna, die einst von Stubaier Handelsleuten aus dem Elsaß nach Fulpmes gebracht wurde. Sie wird als Gnadenbild von den Einheimischen verehrt.

Aus der Erbauungszeit stammen die vergoldete Rokokokanzel sowie das große spätbarocke Kruzifix in einer reichen Stuckumrahmung. Prof. Holzmeister schuf für die Kirche ein vielbeachtetes modernes Heiliges Grab, das in der Fastenzeit aufgestellt wird.

Gegenüber der Kirche steht der nach Plänen von Franz de Paula Penz 1745 errichtete, 1756 aufgestockte und mit guten Fresken geschmückte *Pfarrhof (Widum)*. Die 1991 freigelegten Fresken zeigen in der Mitte den Kirchenlehrer und Genfer Bischof Franz von Sales, rechts den Patron der Priester und Brückenheiligen Johannes Nepomuk und links den Patron Bayerns, Kajetan von Tiene. An der repräsentativen Südfassade sieht man den Tiroler Heiligen Florinus von Matsch im Vinschgau und Maria als Braut des Heiligen Geistes.

Die *Filialkirche zu Ehren der hl. Margaretha* in Medraz, ein kleiner barokker Zentralbau mit Zwiebelturm, wurde etwa gleichzeitig mit der Fulpmer Kirche erbaut; wahrscheinlich stammen die Pläne auch von Penz. Das durch einen Ausbruch des Ruetzbaches schwer beschädigte Gotteshaus wurde 1833 erneuert. Die Deckenfresken stammen vom Fulpmer Maler Johann Peter Denifle (in der Kuppel die Aufnahme der Kirchenpatronin in den Himmel). Das Hochaltarbild zeigt die Enthauptung der hl. Margaretha, die Figuren stellen Blasius und Silvester dar. Eindrucksvoll sind der schöne Tabernakel, die Rokokokanzel sowie ein angeketteter, von den Einheimischen verehrter Schmerzensmann (rechts neben dem Eingang), den der letzte Medrazer Eremit, Bruder Martinian, schnitzte.

Nördlich oberhalb des Dorfes steht neben der Feuerwehrhalle die schon 1368 urkundlich genannte *Sagererkapelle*, die älteste Kirche von Fulpmes, die 1978 versetzt wurde. Sie birgt ein kostbares großes frühgotisches Kreuz aus der 1. Hälfte des 14. Jh., das von der abgerissenen Kapelle bei der Kleebrücke stammt. Inmitten des Waldes auf dem Weg nach Maria Waldrast liegt ein *Kriegerfriedhof*. Er wurde während des Ersten Weltkrieges für die im damaligen Lazarett von Fulpmes verstorbenen Soldaten angelegt. 1922 konnte die von Clemens Holzmeister geplante und von Heimkehrern gebaute Kapelle eingeweiht werden. Ernst Schroffenegger malte 1947 die Fresken. Im Wald südlich von Medraz birgt die sogenannte *Blutschwitzerkapelle* eine geschnitzte

Christusfigur des schon mehrmals genannten Eremiten Martin Schmid. Im Ort sind zahlreiche prachtvolle freskengeschmückte Häuser zu bewundern.

Eine besondere Sehenswürdigkeit in Fulpmes ist das im Riedlhaus in der Fachschulgasse untergebrachte *Schmiedemuseum*. Als große Attraktion des Museums gilt die alte Riedlschmiede mit einer Schleif-„Maschine" aus dem Jahre 1812 und einem Schmiedehammer aus dem Jahre 1836, die weitgehend im Originalzustand verblieben sind. Die vier Hämmer mit der eindrucksvollen Holzwelle als Antrieb können auch heute noch mit der Wasserkraft des Schlicker Baches betrieben werden. Außerdem birgt das Museum Urkunden und vor allem Werkzeuge sowie Schmiedeprodukte, die im Laufe der Jahrhunderte im Stubaital erzeugt worden sind.

Freizeitmöglichkeiten

Freischwimmbad, Hallenbad, Sauna; seit der Fertigstellung des Tenniscamps Stubai mit 4 Hallen- und 8 Freiplätzen, eine der größten Tennis- und Freizeitanlagen Tirols, ist Fulpmes ein Zentrum des Tennissports; Minigolf, Hobby-Urlaub, Schmiedemuseum, Ausstellungen, Bauerntheater, Bücherei, Kino, Platzkonzerte, Schießstand mit Gästeschießen, Kegeln, Stockschießen, Angelsport, Fahrradverleih, Radwanderwege, Fitneßparcours, Reiten, Gästekindergarten „Familiennestl" mit „Action und Fun" für Kinder zwischen 3 und 14 Jahren, Wander- und Hochgebirgsschule, organisierte Wandertage, Erwerb der Wandernadel, Gondelbahnen Schlick 2000 nach Froneben (1316 m) und auf das Kreuzjoch (2200 m), Fahrtdauer 15 Min.

Wanderungen und Bergtouren

- Zur Kriegerkapelle (auf dem Weg zur Waldrast): 1/4 Std.;
- über die Ruetz auf dem „Jägerhäuslweg" zur Siedlung „Stille" und weiter nach Medraz: 50 Min.;
- der Ruetz entlang über die Kirchbrücke oder über Plöven nach Telfes: 30 Min. bis 1 Std.;
- durch die Ruetzschlucht oder durch den Wald nach Mieders: 1 Std.;
- über den Berggasthof „Froneben" (1316 m): 1 Std. (bis hierher Auffahrt mit Gondellift möglich), in einer weiteren Stunde zur Schlicker Alm (1616 m) inmitten der herrlichen Kalkkögel;
- über Plöven durch das Plövner Loch zur Schlicker Alm: 1/2 Std.;

- zu den Berghöfen von Vergör (Jausenstation): 1 Std.; in weiterer 3/4 Std. durch prächtige Lärchenwiesen über den Seebachgraben, die Gschmitzmähder und den Omesbergbachgraben zum Berggasthof „Pfurtschell", herrliche Aussicht;
- über Medraz in 2½ Std. nach Neustift;
- über den Berghof „Sonnenstein", 1½ Std., zur Wallfahrtskirche Maria Waldrast (1641 m), insgesamt 3 Std.; zur Jausenstation Wildeben (1760 m) am Fuße der Serles, herrliche Sicht, 1½.;
- Froneben, Schlicker Alm, Gloatsteig, Pfarrachalm, Fulpmes: 3 bis 4 Std.;
- Vier-Dörfer-Tour: Fulpmes - Waldweg nach Mieders - Mieders - Waldweg weiter nach Schönberg - Wiesenweg zum Gallhof (keine Einkehrmöglichkeit) - Gasthaus Kirchbrücke (Einkehrmöglichkeit) - Telfes - über Plöven nach Fulpmes: ca. 5 Stunden;
- besonders erlebnisreich ist die Almwanderung: Fulpmes - Froneben (Einkehrmöglichkeit) - Richtung Plövner Loch - Schlicker Alm (Einkehrmöglichkeit) - Galtalm (Einkehrmöglichkeit) - Vergör (Einkehrmöglichkeit) - Waldweg nach Tschaffinis - Fulpmes: ca. 5 Stunden;
- Bergtouren siehe Berg- und Schizentrum Schlick.

Winter: Mit den Liften der „Schlick 2000" erreicht man das herrliche Schizentrum Schlick, ein Eldorado der Schifahrer aller Klassen (1 Gondelbahn, 2 Sessellifte, 8 Schlepplifte), Schibus zum Schizentrum Schlick und dem Stubaier Gletscher, 68 km Langlaufloipen, Eislaufen, Eisstockschießen, Rodeln, 20 km geräumte Wanderwege.

Auskunft: A-6166 Fulpmes, Tourismusverband
Tel.: 05225/62235, Fax: 05225/63843, Internet: www.tiscover.com/stubai,
E-mail: stubai@netway.at
Bahnstation der Stubaitalbahn Fulpmes - Innsbruck, Busverbindung.

Neustift

993 m Seehöhe, 4.268 Einwohner

Neustift gegen Serleskamm

Etwa 4 km hinter Fulpmes beginnt das weitausgedehnte Gemeindegebiet von Neustift, das im *Unterberg- und auch im Oberbergtal* bis tief in die Gletscherregionen reicht; höchster Punkt ist mit 3505 m das unmittelbar an der Staatsgrenze zu Italien gelegene *Zuckerhütl* im Hauptkamm der Stubaier Alpen. Darüber hinaus gibt es im Neustifter Gemeindegebiet noch weitere 71 Dreitausender. Die Gemeinde ist flächenmäßig nach Sölden die zweitgrößte Tirols und die drittgrößte Österreichs. Die auf einer 25 km langen Strecke aufgefädelten Fraktionen heißen *Neustift-Dorf, Scheibe, Kampl, Neder, Schmieden, Milders, Schaller, Krößbach, Gasteig, Volderau, Falbeson, Ranalt, Mutterberg, Oberbergtal, Herrengasse, Obergasse und Rain.*

Bemerkenswert ist, daß von der 249 km² betragenden Gemeindefläche nur 5,1% dauernd besiedelbar sind. (Im Tirol-Durchschnitt sind es 12,4 Prozent).

Mittelpunkt der Gemeinde ist der von der mächtigen Dorfkirche beherrschte traditionsreiche Schi- und Bergsteigerort *Neustift.* Er breitet sich auf dem Schuttkegel des Bachertales aus. Umfassend ist die Aussicht, die man am besten von den Anhöhen der linken Talseite aus genießt. Im Talhintergrund erblickt man die mächtige *Pfaffengruppe*, flankiert von der Mair- und der Brennerspitze, im Süden erheben sich die auf einem hohen Urgesteinssockel aufgesetzten Kalktürme der *Elfer- und Zwölferspitze*, die den Neustiftern als mächtige Sonnenuhren dienen. Talauswärts erblickt man unter anderem die schöngeformten Berge des *Serleskammes.* Weit schweift der Blick bis zum Hochnißl bei Schwaz im Unterinntal.

Bei Neder mündet vom Süden her das schöne, romantische Pinnistal mit seinen herrlichen Almen. Am Pinnisjoch (2369 m) liegt inmitten einer großartigen Gebirgslandschaft die bekannte *Innsbrucker Hütte.* Im Westen ragt mächtig der *Habicht* (3277 m), einer der schönsten Berge des Landes, empor. Hierher wurden der Sage nach alle Stubaier Hexen und bösen Geister verbannt. Von allen Bergen des Stubaitales ist der Habicht am frühesten bestiegen worden. Der aus Kramsach in Tirol stammende Priester *Peter Carl Thurwieser*, einer der großen Ostalpenpioniere, hat in Begleitung des Stubaiers *Krösbacher* 1836 zum erstenmal den Gipfel erklommen.

Etwa eine Viertelstunde hinter Neustift gabelt sich bei Milders das Tal in das rechts abzweigende *Oberberg- oder Alpeiner Tal und das Unterbergtal.* Eine 9,4 km lange, schmale Bergstraße führt entlang des wildtosenden Oberbergbaches, der seinen Ursprung am Alpeiner Ferner hat, zunächst bis zum Gasthof *„Bärenbad"* (1248 m). Hier gab es seit 1550 ein kleines Heilbad, das von den Bauern des Stubaitales gerne aufgesucht wurde (erdiges Eisenwasser, Wannenbäder). In *Sedugg* soll Kaiser Maximilian ein Jagdhaus errichtet haben. Der Botaniker erfreut sich am seltenen nordischen Moosglöckchen (Linnea borealis), das hier überall zu finden ist. Weiter führt der Weg über die Stöcklenalm (1598 m) zur Oberißhütte (1742 m, Ende des Fahrweges). Die blumenreichen Mähder zählen zu den schönsten im ganzen Stubaital. Hier beginnen der Winter- und der Sommerweg zur *Franz-Senn-Hütte* (2149 m), einem der bedeutendsten Tourenstützpunkte in den Westalpen. Von dieser Hütte aus, die unterhalb des großen Alpeiner Ferners liegt, können mehr als 30 Dreitausender erstiegen werden. Zwischen Oberiß und der Franz-Senn-Hütte wurde ein *Naturlehrpfad* eröffnet (Begleitheft).

Geschichte

Zahlreiche Flur-, Alm- und Hausnamen deuten darauf hin, daß das Gemeindegebiet von Neustift schon in der vorrömischen Zeit besiedelt war. Aber erst im 13. Jahrhundert werden die Namen einzelner Gehöfte und Weiler genannt. Der große Waidmann *Kaiser Maximilian* hielt sich mehrmals im hinteren Stubaital zur Hirschen-, Gemsen- und Saujagd auf. Daran erinnert die Armbrust in dem 1975 der Gemeinde verliehenen *Wappen*. Um sich am Sonntag den stundenlangen Weg bis zur Pfarrkirche nach Telfes zu ersparen, stiftete er 1515 eine Kapelle zu Ehren des alten ritterlichen Landespatrons Georg. Sie befand sich an der Stelle des heutigen Pfarrhauses. Aber erst im Jahre 1868 erhielten die „Tholer", so nannte man lange die Bewohner des innersten Stubaitales, einen eigenen Seelsorger. Eine gewisse Blüte erlebte Neustift zur Zeit des *Eisenbergbaues*. Als er versiegte, fanden viele Knappen in den Schmiedewerkstätten von Fulpmes und als Hausierer Arbeit und Brot. Einige von ihnen brachten es zu großem Reichtum; die ein- und zweigeschossigen Häuser in der *Herrengasse* zeugen von diesem Wohlstand. Der erwachende Tourismus und die Begeisterung für die Alpen brachten dem schönen Tal schon um die Mitte des 19. Jahrhunderts einen neuen wirtschaftlichen Aufschwung. So waren um 1900 bereits über 30 Neustifter als Träger und Bergführer tätig.

Um den aufstrebenden Alpinismus hat sich vor allem Pfarrer *Franz Senn* (1831 – 1884) größte Verdienste erworben. Er entstammte einer Bauernfamilie in Längenfeld (Ötztal) und wirkte nach seinem Theologiestudium als Priester in Zams, Serfaus, Landeck und Nauders. In Vent im Ötztal begann er seine bahnbrechende Tätigkeit für die Erschließung der Ötztaler und später der gesamten Ostalpen. Der *„Gletscherpfarrer"*, der mehrere Erstbesteigungen im Ötztal durchführte, ist der eigentliche Begründer des Tiroler Bergführer- und Bergrettungswesens und *einer der maßgeblichen Mitbegründer des Deutschen und Österreichischen Alpenvereins*. Als Senn 1881 nach Neustift kam, bemühte er sich auch hier, Touristen ins Tal zubringen, um den armen Bergbauern einen bescheidenen Nebenerwerb zu ermöglichen. Unermüdlich setzte er sich für den Bau einer Schutzhütte im Oberbergtal am Fuße des Alpeiner Ferners ein. Er konnte die Fertigstellung der Hütte nicht mehr erleben, doch schon kurz nach seinem Tode (1884) wurde sie eröffnet und nach ihm benannt. 1962 errichteten der Deutsche, der Österreichische und der Südtiroler Alpenverein ihm zu Ehren in Neustift ein schlichtes Denkmal. Sein Grab befindet sich im Neustifter Friedhof, in dem es nur schmiedeeiserne Kreuze gibt.

Einen starken wirtschaftlichen Aufschwung brachte die Erschließung des Stubaier Gletschers, Österreichs größtem Ganzjahresschigebiet, so daß die Gemeinde auf über 1 Million Nächtigungen verweisen kann. Die Gletschererschließung ist untrennbar mit dem Namen des Seilbahnpioniers Dr. Heinrich Klier verbunden.

Die Nähe zum Ganzjahresschigebiet am Stubaier Gletscher war einer der Hauptgründe, daß 1970 in Neustift eine *Schihauptschule* gegründet wurde. Sie ist die größte der sieben österreichischen Schihauptschulen, aus ihr gingen zahlreiche Tiroler und österreichische Meister, Weltmeister, Weltcupsieger, Olympiamedaillen-Gewinner und Weltklasseläufer hervor.

Sehenswürdigkeiten

Die dem früheren Tiroler Landespatron St. Georg geweihte spätbarocke *Pfarrkirche* ist das letzte Werk des Kirchenbaumeisters *Franz de Paula Penz* (gest. 1772 in Telfes). Die 1780 geweihte, äußerlich schmucklose Kirche fällt besonders durch ihre ungewöhnliche Größe auf (45 m lang, 20 m breit, 19 m hoch, Turmhöhe 64 m). Sie ist nach der Pfarrkirche in Schwaz die zweitgrößte Kirche Tirols und verfügt über 900 Sitzplätze. Da einzelne Bewohner des Gemeindegebietes einen bis zu vier Stunden langen, oft mühevollen Weg zur Kirche zurücklegen mußten, sollte nach dem Willen von Pfarrer Penz jeder während der Predigt einen Sitzplatz haben. Namhafte Kunstkritiker würdigen die imponierende Raumwirkung, Musiker loben die vortreffliche Akustik. Eines der größten Verdienste von Pfarrer Penz ist darin zu sehen, daß er für die Ausschmückung seiner Kirchen immer wieder die hervorragendsten Künstler seiner Zeit gewinnen konnte. So schufen drei berühmte Freskanten die herrlichen *Kuppelfresken: Josef Keller* aus Bayern das Letzte Abendmahl, der Telfer Künstler *Josef Anton Zoller* das Pfingstwunder, *Franz Haller* aus Passeier die Versammlung der Diözesanheiligen und Ortspatrone um die Dreifaltigkeit, *Franz Altmutter* die vier Kirchenväter in den Zwickelfeldern. Carl Henrici malte die Bilder des Hochaltars und der zwei Seitenaltäre, die gleichsam wie zu einer Schauwand zusammengefasst wurden. Die Skulpturen stammen von *Johann Perger* und *Urban Klieber*. Von den Einheimischen wird das Gnadenbild der schönen barocken Spitzwaldmadonna am linken Seitenaltar verehrt. Die Beichtstuhlfiguren sind Meisterwerke des berühmten jüngeren Nissl aus Fügen im Zillertal. Die zweimanualige Orgel befand sich vor der Aufhebung des Klosters in Maria Waldrast.

Der aus Fulpmes stammende Clemens Holzmeister gestaltete 1961 die *Marienkapelle in Krößbach*, die einen Altar aus der Zeit um 1800 birgt.

Ein schönes Beispiel dörflicher Zusammenarbeit ist der 1997 im Pinnistal oberhalb von Neder eröffnete *Neustifter Besinnungsweg*. Der vom Neustifter Arbeitskreis für Kirche und Tourismus „Gott zur Ehre und den Menschen zur

Besinnung und Freude" errichtete, rund 5 km lange Weg führt über 256 Stufen und in mehreren Kehren durch den lichten Wald bis in den Hochwald zur Kapelle am Issenanger. Sieben Wegstationen mit ausdrucksstarken übermannshohen Skulpturen und Schrifttafeln vom Neustifter Bergführer und Bildhauer Hansjörg Ranalter begleiten den Wanderer. Die Issenangeralm und die alte Herzebenkasern im Pinnistal bilden den Wendepunkt einer etwa dreistündigen Wanderung.

Das schlichte *Bergkirchlein in Ranalt* verdankt seine Entstehung einem französischen Besatzungsoffizier, der 1947/48 mit deutschen Kriegsgefangenen das kleine Gotteshaus erbaute.

Im neuen *Heimatmuseum* Forsterhaus wird die dörfliche Vergangenheit wieder lebendig. Gezeigt werden u.a. Gerätschaften aus der Landwirtschaft wie Pflüge und eine Ackerwalze, aus dem Handwerksbereich, dem Haushalt und deren Alltag sowie alte Fotos.

Für jeden Bergsteiger interessant ist der Besuch des *Eispickelmuseums in Kampl*. Etwa vierzig Jahre lang sammelte der einstige Werkzeugschmied und Bergführer Friedl Wallner (geb. 1924) rund 200 verschiedene Eispickel, die er fein säuberlich montiert und beschriftet hat. Viele Eispickel seiner Sammlung stammen aus Fulpmes, viele davon hat er selbst geschmiedet. Die ältesten Exponate, unter denen sich auch alte Steigeisen, Hanfseile und Bergführerabzeichen befinden, stammen aus der Zeit um 1840. Besondere Kostbarkeiten sind u.a. die genagelten Bergschuhe, die Dipl.-Ing. Erwin Schneider 1934 bei der Nanga-Parbat-Expedition benützte, die Eispickel der berühmten Alpinisten Franz Senn, Hermann Delago und Georg Bilgeri, die zerlegbaren Pickel der Tiroler Kaiserjäger oder der kanadischen Fallschirmjäger, die im kleinsten Rucksack Platz finden, sowie der bekannte „Wallner Eispickel", den Friedl Wallner selbst entwickelt hat.

Nebst einigen prachtvollen *Bauernhäusern* wie dem Singerhof am Nordostrand von Neustift, den Häusern Nr. 3, 5 und 26 in Kampl sowie Nr. 199 und 200 in Volderau sind noch einige Neubauten bemerkenswert.

1979 wurden der *Mischbach- und der Grawawasserfall* zu Naturdenkmälern erklärt. Der Mischbachwasserfall beim Ortsteil Gasteig stürzt an der östlichen Talseite über mehrere Stufen in die Tiefe. Der Mischbach entspringt dem gleichnamigen Ferner unterhalb des Habichts. Etwa 2 km vor dem Ende der Stubaier-Gletscherbahn-Hochalpenstraße liegt die *Grawaalm* (1534 m), von der aus man bereits den gewaltigen *Grawawasserfall* sieht. Auf einem markierten Steig erreicht man eine kleine Brücke direkt unter dem Wasserfall. Von schönen Rastplätzen in der unmittelbaren Umgebung kann man das faszinierende Spiel des über einen etwa 80 m hohen Geländeabbruch stürzenden Sulzaubaches beobachten. Im Frühsommer, wenn der Bach die höchste

Wasserführung aufweist, donnert in rasender Geschwindigkeit das Wasser tosend über den rund 80 m breiten Felsriegel. Eine so breite Fallzunge wie die des Grawafalles ist in den Ostalpen einmalig.

Neustift, Grawafall

Die Stubaier Gletscherbahn

In *Ranalt* (1260 m), der letzten Siedlung im Unterbergtal, beginnt die *Stubaier Gletscherbahn-Straße.* Sie führt entlang der Ruetz und endet bei der *Mutterbergalm* (1750 m), 30 km von der Autobahn-Anschlußstelle Schönberg entfernt. Die gut ausgebaute, 8 km lange asphaltierte Straße weist eine maximale Steigung von 10 Prozent auf. Bei der Mutterbergalm liegt neben den Parkplätzen für etwa 2.500 PkWs die Talstation der *ganzjährig betriebenen Stubaier Gletscherbahn.* Zwei Gondelbahnen führen zur Station *Gamsgarten* (2600 m); von dort aus erreicht man mit der Sechsersesselbahn „Eisjoch" das *Stubaier Eisjoch* (3200 m). Damit wurde einer der schönsten Aussichtspunkte des Tiroler Alpenhauptkammes für den Tourismus erschlossen. *Die Eisjochbahn ist weltweit die erste Sechsersesselbahn mit Seilbahnstützen auf Gletschereis.*

Insgesamt 21 Anlagen – davon 10 Gondel- und Sesselbahnen sowie 11 Schlepp- und Übungslifte – bringen die Aktiven zur ihrem Eldorado zwischen 1750 und 3200 Metern Höhe hinauf. Neu im Winter 2000/01 ist die kuppelbare *Sechser-Sesselbahn „Fernau"*, welche den *Fernau- mit dem Gaißkarferner verbindet.* Damit ist ein weiterer Gletscher bequem zu erklimmen, und das Skikarussell rund um die Schaufelspitze wird zudem komfortabler. Mehr als 50 Pistenkilometer machen dann für jeden Skifahrer die Wahl zur Qual. *4,5 km lang können die Loipenfans ihre Spuren mit Panoramablick ziehen*, und die Snowboarder finden einen aufregend gestylten Funpark mit einer 100 m lan-

Bergrestaurant Jochdohle am Stubaier Gletscher

gen Halfpipe sowie abenteuerlich unberührte Strecken, die selbst extremen Wünschen gerecht werden. Eine innovative Carving-Strecke mit Ampelregelung, zwei permanente Rennstrecken und eine Geschwindigkeitsmeßstrecke treiben zusammen mit den absolut unpräparierten Buckelpisten und Skirouten den Ski- und Boarderspaß nun vollends auf die Spitze.

Neben all diesen Angeboten für sportliche Aktivitäten wirken allerdings auch andere Gründe für die Beliebtheit des Stubaier Gletschers mit. So wird die hohe Verantwortung der Betreiber der Gletscherbahn zum einen durch ein konsequentes Umweltbewußtsein geprägt, das dem Sportler nicht verborgen bleibt.

Zum anderen hat sich dieses „Königreich des Schnees" aber ganz besonders auch bezüglich punkto Komfort und Service hervorgetan. Umkleidekabinen und Duschen für Langläufer, das Skidepot an der Talstation, die medizinische Versorgung auf 3000 m und die beiden Sportgeschäfte mit neuesten Skiern, Snowboards und Boots zum Ausleihen sind bemerkenswerte Servicemerkmale. Daher wurden die Stubaier Gletscherbahnen mit dem „Tiroler Skigebiets - Kristall 2000", dem „Oscar" unter den Skigebietsprämien, ausgezeichnet. Service und aktuelle Informationen sind auch via Internet abfragbar.

Ebenfalls beispielhaft ist die Kinderfreundlichkeit: Im *Kinderland am Gamsgarten* werden Skizwergerl nicht nur in die Geheimnisse des Brettlvergnügens eingeführt, sie werden auch liebevoll betreut und verpflegt. Selbst kleinste Sprößlinge finden hier ein Paradies, in dem sie sich austoben können, während Mutter und Vater auf der Piste sind.

Skihütten, moderne Selbstbedienungsrestaurants und das Bedienungsrestaurant „Zur Goldenen Gams" bieten Kulinarik von heimischen Schmankerln bis zur internationalen Küche. Weit schweift der Blick über Gletscherbrüche und Firnfelder. Bei der Suche nach Wasser während der Bauarbeiten für das Gletscherrestaurant am Eisgrat fand man i*n etwa 2600 m Höhe die höchstgelegene Quelle Österreichs.*

Im Sommer sind die Bergsteiger und Wanderer am Stubaier Gletscher in der Überzahl. Vom Eisgrat aus erreicht man das Stubaier Eisjoch auf einem gesicherten Eispfad in etwa 45 Minuten. Den zünftigen Bergsteiger locken erlebnisreiche Hochgebirgswanderungen und zahlreiche Gipfelbesteigungen. Die Kletterfreunde sind begeistert vom neuen *Klettersteig und dem Klettergarten am Egesengrat* nahe der Dresdner Hütte.

Durch die Stubaier Gletscherbahn, mit deren Bau 1971 begonnen wurde, hat das Stubaital eine beachtliche wirtschaftliche Aufwärtsentwicklung erfahren. Damit gelang es, die bereits von der Entsiedlung bedrohten Weiler Ranalt, Falbeson und Volderau nicht nur wiederzubeleben, sondern zu wirtschaftlicher Blüte zu führen.

Nähere Informationen: Stubaier Gletscherbahn
Tel.: 05226/8141, Fax: 05226/8141-150, Internet: www.stubai.gletscher.com, E-mail: stubai@gletscher.com

Freizeitmöglichkeiten

Freischwimmbad, Hallenbad, Sauna, Landschaftssee Kampl, Baggersee Klausauele vor Falbeson, Ganzjahresschilauf am Stubaier Gletscher, 13 Tennisplätze, Tennishalle, Reiten, Pferdekutschenfahrten, Minigolf, Hobby-Urlaub, Bücherei, Bauerntheater, Heimatmuseum im Forsterhaus in Kampl, Eispickelmuseum in Kampl, Schach, Ausstellungen, Gästekindergarten, Schießstand, Kegeln, Billard, Stockschießen, Angelsport, Wildwasserpaddeln, Drachenfliegen, Paragleiten, Tandemflüge, Fahrradverleih, Radwanderwege, Fitnessparcours. Forstmeile, Naturlehrpfade von der Oberißalm zur Franz-Senn-Hütte und von Falbeson zur Bacherwandalm, organisierte Wandertage, Erwerb der Wandernadel, Bergsteigerschule, Gondelbahnen von der Mutterbergalm (1750 m) zur Bergstation Eisgrat am Stubaier Gletscher (2900 m), kostenlose Gletscherführung; Doppelsesselbahn „Elfer", Talstation in Neustift (1000 m), Bergstation 1812 m; das durch diese Seilbahn erschlossene Gebiet bietet wunderschöne Wandermöglichkeiten in die blumenreichen Regionen des Elfers und des Pinnistales.

Wanderungen und Bergtouren

- Von Neustift aus: über Lehner auf dem Franz-Senn-Weg nach Schaller: 1¼ Std.;
- über Obergasse, Schmieden, Neder und Medraz nach Fulpmes: 2 Std.;
- über Lehner auf die Autenalm (1658 m): 2 Std.;
- über Lehner zur Elferhütte (2004 m): 3¼ Std.;
- von der Bergstation des Elferliftes aus: Zur Elferhütte: ½ Std.;
- zur herrlich gelegenen Pinnisalm (1559 m): 1¼ Std.;
- auf die Elferspitze (2505 m): 1½ Std.;
- über die Elferhütte zur Karalm (1747 m): 2½ Std.;
- zur Innsbrucker Hütte (2370 m): 4 Std.;
- Prachtvolle Ausblicke vermittelt der Panoramaweg rund um den Elfer über den Zwölfernieder (2335 m), das Autengrübl und die Autenalm (1658 m): 3½ Std.;

- für besonders geübte Alpinisten gibt es die Klettersteige an Elferspitze (2505 m), am westlichen Elferturm (2480 m) und auf die Ilmspitze (2692 m);
- eine einmalige Attraktion stellen die im Kalkfelsgelände des Elfer-Massivs 1979 eröffneten Elfer-Klettersteige dar, Gesamtgehzeit etwa 4 Std.;
- von Neustift durch das Pinnistal über Herzeben (1338 m), Ißenanger (1372 m), Pinnisalm (1559 m) und Karalm (1747 m) zur Innsbrucker Hütte (2370 m): 4½ Std.; von Neustift über das Bachertal und Bergwiesen zur Starkenburger Hütte (2237 m): 3½ Std.;
- durch das Oberbergtal über Milders, Bärenbad (1248 m), Sedugg (1472 m), Stöcklenalm (1598 m) zur Oberißalm (1748 m): 3½ Std. (Auffahrt bis Oberißalm auch mit Pkw möglich), in weiteren 1½ Std. über die Alpeiner Alm zur Franz-Senn-Hütte (2149 m). Von diesem bedeutenden Stützpunkt aus können etwa 30 Dreitausender bestiegen werden.
- von Milders zur Milderaunalm (1671 m): 2½ Std., in weiteren 3 Std. zur Neuen Regensburger Hütte (2287 m);
- von Krößbach auf die Mischbachalm (1848 m), 2½ St.;
- von Falbeson über die Falbesoner Ochsenalm (1822 m) zur Neuen Regensburger Hütte (2287 m): 2½ Std.;
- von Ranalt über die Bsuechalm (1520 m) zur Nürnberger Hütte (2280 m): 3 Std.; von hier aus in 3 St. zur Bremer Hütte (2413 m) oder in 2¾ Std. zur Sulzenauhütte (2191 m);
- von Ranalt in 1¼ Std. zur Grawaalm (1534 m) an der Unterbergtalstraße, in weiteren 2½ Std. zur Sulzenauer Hütte (2191 m); von hier aus in 2½ Std. zur Dresdener Hütte (2308 m).
- Zahlreich sind die Tourenmöglichkeiten von der Dresdener Hütte aus, die entweder zu Fuß in 2 Std. von der Mutterbergalm (1721 m) oder mit der Stubaier Gletscherbahn zu erreichen sind: Egesengrat (2635 m): 1 Std.; Mutterberger See: 2 Std.; zur Regensburger Hütte (2287 m): 5½ Std.; über den Alpeiner Ferner zur Franz-Senn-Hütte (2149 m): 7 Std.; über die Schaufelnieder (3050 m) zur Hildesheimer Hütte (2899 m): 3½ Std.; über das Bildstöckljoch (3144 m) zur Hildesheimer Hütte (2899 m): 4 Std.
- In Neustift beginnt auch der Stubaier Höhenweg, der über eine Strecke von 120 km führt. Acht Alpenvereinshütten dienen als Stützpunkte auf dem Weg. Zur Bewältigung der gesamten Strecke benötigt man etwa zwei Wochen.

Winter: Seit Jahren ist Neustift ein bekannter und gern besuchter Wintersportort, der Abfahrten aller Schwierigkeitsgrade bietet. Besonders geschätzt werden die Stubaier Gletscher, eines der größten Ganzjahresschigebiete in Österreich, das durch die Stubaier Gletscherbahn hervorragend erschlossen ist, sowie das Elfer-Schigebiet mit Sesselbahn und Schlepplift. Auch der Tourengeher findet nahezu unerschöpfliche Möglichkeiten. Die Firnfelder und Gipfel um die Dresdener, Franz-Senn- und Sulzenauer Hütte nehmen einen Spitzenplatz unter den hochalpinen Schigebieten ein: 7 Seilbahnen, 1 Sessellift, 14 Schlepplifte. Die Stubaier Talloipe ist mit allen Zusatzschleifen 68 km lang. Auf dem Stubaier Gletscher beginnt beim Restaurant „Eisgrat“ die 1,3 km lange Höhenloipe, die größtenteils ganzjährig doppelspurig präpariert ist (Stubaier Schiwanderabzeichen). Vom Elfer führt die längste Naturrodelbahn Österreichs (8 km) ins Tal. Zweimal in der Woche ist sie abends mit Laternen beleuchtet. Eine zweite Rodelbahn führt aus dem Oberbergtal heraus. Eislaufen, Eisschießen, Pferdeschlittenfahrten, geräumte Wanderwege.

Aukunft: A-6167 Neustift i. Stubai, Tourismusverband/Reisebüro
Tel.: 05226/2228, Fax: 05226/2529, Internet: www.tiscover.com/neustift,
E-Mail: tv.neustift@neustift.netwing.at
Bahnstation: Fulpmes (7 km); Busverbindung.

Das Wipptal und seine Seitentäler von Matrei bis zum Brenner

Matrei, Mühlbachl, Pfons

Diese drei Gemeinden bildeten schon immer eine eng verflochtene kulturelle und wirtschaftliche Einheit. Pfarre, Tourismusverband, Volks- und Hauptschule sowie zahlreiche Vereine (Musikkapelle, Schützen usw.) haben sie gemeinsam. Nur alteingesessene Ortsbewohner kennen den genauen Verlauf der Gemeindegrenzen, die im dichtverbauten Siedlungsgebiet nicht deutlich erkennbar sind. Als man 1974 beabsichtigte, die drei Gemeinden zusammenzulegen, lehnte die Bevölkerung in einer Volksabstimmung diesen Plan jedoch mit knapper Mehrheit ab.

Matrei

993 m Seehöhe, 1.017 Einwohner

Die schöne Marktgemeinde im unteren Wipptal liegt etwa 20 km südlich von Innsbruck. Der Ortsunkundige versteht unter Matrei das ganze Siedlungsgebiet in diesem Raum, obwohl es größtenteils zu den Gemeinden Mühlbachl und Pfons gehört. Mit bescheidenen 36 Hektar ist der über 2 km langgestreckte Straßenort Matrei am westlichen Ufer der Sill nach Rattenberg (Unterinntal) die flächenmäßig kleinste Gemeinde Österreichs. Hier gibt es wegen der Enge des Raumes keine Weiler oder Fraktionen, die einzige geographische Gliederung ist die Teilung in Ober- und Untermarkt. Trotz zahlreicher Brände und verheerender Zerstörungen während des Zweiten Weltkrieges *(Matrei war die relativ am schwersten bombengeschädigte Gemeinde Tirols)* hat der Markt das altertümliche harmonische Ortsbild dank des behutsamen denkmalpflegerischen Wiederaufbaues bewahrt.

Geschichte

Die Gegend von Matrei war schon vor über 3500 Jahren besiedelt (siehe auch Geschichte von Mühlbachl und Pfons). Der im Wipptal ansässige rätische Stamm der Breuner (Breonen) soll auch den Ortsnamen Matrei geprägt haben. Univ.-Prof. Ipsen leitet den Namen Matrei vom indogermanischen Wort Mutter ab, das im Lateinischen und Keltischen „Mater" lautet.

Die Römer, deren Spuren durch ergiebige Bodenfunde nachgewiesen werden konnten (erst im April 1981 wurde in der nahegelegenen Ortschaft Mühlen am Eingang ins Navistal ein umfangreiches Depot römischer Münzen ausgegraben), legten hier einen Rastort an. Die im 6. Jahrhundert in das Wipptal eindringenden Bajuwaren befestigten die Hügel rund um Matrei, das 955 als „locus Matereia" erstmals urkundlich genannt und schon 1249 als Markt des Bischofs von Brixen bezeichnet wird. Rasch entwickelte sich der Ort an diesem wichtigsten Verkehrsknotenpunkt auf der Nordseite des Brennerpasses. Handwerker, „Aufleger" (= Packer), Fuhrleute und Gastwirte verdienten recht gut an dem zu allen Jahreszeiten regen Personen- und Warenverkehr. Die schweren vier- bis sechsspännigen Plachenwagen wurden beim Ballhaus, das Kaiser Maximilian 1497 neu erbauen ließ, entladen und über Nacht eingelagert, wie es die Rodordnung (= Frachtorganisation) vorschrieb. Die gesamte Brennerstraße war in Teilstrecken, die meist mit den Grenzen der Landgerichte übereinstimmten, gegliedert. Wie alle größeren Orte besaß auch Matrei das Rod- und Niederlagsrecht. In jeder Niederlage oder Rodstätte, wo sich ein Ballhaus befand, war der Wagen oder zumindest das Gespann zu wechseln, so daß die Fuhrleute immer nur dieselbe kurze Strecke zurückzulegen hatten. Dies brachte gewisse Vorteile, da die Straßen meist sehr schlecht waren. Die Zugtiere, die man immer wieder auswechselte, mußten nicht geschunden werden, die Fuhrleute kannten die oft gefährliche Strecke genau und garantierten eine meist sichere Fahrt. So profitierte die einheimische Bevölkerung vom regen Durchgangsverkehr, und die fremden Kaufleute bzw. die „Gutfertiger" (= Spediteure) konnten stets mit einer verläßlichen Beförderung durch die einheimischen Fuhrwerker rechnen. Kaufleute, die mit dem eigenen Wagen durch das Land fahren wollten, um Zeit zu gewinnen, mußten hohe Gebühren an die örtlichen Rodgenossenschaften leisten. Diese durchgehenden „Eigenachswägen" nannte man Adrittura.

Der Rodverkehr erlebte in Matrei im 15. und 16. Jahrhundert einen Höhepunkt, ging dann mit der Verlegung der Welthandelslinie vom Mittelmeer an die atlantischen Küsten stetig zurück und hörte mit der Eröffnung der Brennerbahn im Jahre 1867 fast ganz auf. Dafür setzte allmählich der Tourismus ein. Der Wohlstand und die Bildungsbeflissenheit in der blühenden Marktgemeinde zeigten sich u.a. darin, daß die Eltern für ihre Kinder schon im Jahre 1509 eine Lateinschule gründeten. 1497 traten die Bischöfe von Brixen den Markt und die Hofmark Matrei und Obernberg an Maximilian und somit an Tirol ab. Das Marktgericht blieb jedoch bis 1810 bestehen und wurde erst dann dem Landgericht Steinach einverleibt. Furchtbar waren die *Brandkatastrophen*, von denen Matrei, aber auch die Nachbargemeinden Mühlbachl und Pfons siebenmal heimgesucht wurden; dem letzten Großbrand am 5. Mai 1916 fielen in Matrei 38 und in Mühlbachl 12 Häuser zum Opfer.

Verheerende Schäden verursachten die alliierten Bomber gegen Ende des Zweiten Weltkrieges.

Sagenumwoben ist die Entstehung des *Matreier Gemeindewappens*, das auf rotem Schild drei im Dreieck gestellte Eier zeigt. Während einer Hungersnot, so berichtet die Sage, besuchte der Brixner Bischof seine Untertanen in Matrei. In ihrer Notlage konnten ihm diese nur drei Eier zum Essen anbieten. Um das Andenken an jene bittere Zeit lebendig zu halten, verlieh der Bischof seiner Marktgemeinde das 1578 erstmals aufscheinende Wappen.

Während Matrei in früheren Jahrhunderten fast ausschließlich vom Verkehr gelebt hatte, finden heute zahlreiche Ortsbewohner in siebzehn Betrieben bzw. Unternehmen sowie zwei Märkten Beschäftigung. Größter Arbeitgeber in der Gemeinde ist das weit über die Grenzen Tirols hinaus bekannte *Gerätewerk* Matrei.

Das Gerätewerk Matrei, Österreichs einzige Produktivgenossenschaft

Das GWM verdient nicht nur wegen seiner wirtschaftlichen Bedeutung für die Bevölkerung der Gemeinden Matrei, Pfons und Mühlbachl erwähnt zu werden, sondern weil es eine Unternehmensform besonderer Art darstellt. Es handelt sich hier um die einzige Produktivgenossenschaft Österreichs, in der Arbeiter und Angestellte alleinige Eigentumsträger sind. In den Zielvorstellungen der Initiatoren und Gründer scheinen Ideen des Pioniers mittelständischen Genossenschaftswesens Schulze Delitzsch ebenso eingeflossen zu sein wie Grundsätze der christlichen Soziallehre. Der ursprüngliche Betrieb arbeitete im Zweiten Weltkrieg für die Rüstungsindustrie, wurde zu Kriegsende als deutsches Eigentum unter öffentliche Verwaltung gestellt und geriet in Konkurs. Nach Überwindung großer Hindernisse und unter härtesten Startbedingungen gelang es 52 ehemaligen Mitarbeitern, im Jahre 1948 eine Produktivgenossenschaft zu gründen. Jeder Genossenschafter mußte z.B. zwei Monatsgehälter als Darlehen in die Firma einbringen und 10 Prozent seines

Einkommens als Rücklage für die Eigenkapitalbildung zur Verfügung stellen. Tausende freiwillige Arbeitsstunden wurden geleistet. In der Folgezeit entwickelte sich der Betrieb zu einem wohlfundierten Unternehmen, das derzeit etwa 200 Mitarbeiter beschäftigt und ein Beispiel praktisch bewährter Mitbestimmung, Mitverantwortung und Eigentumsbildung in Arbeitnehmerhand bietet. Rund ein Viertel der Arbeiter und Angestellten ist Mitglied der Genossenschaft. Überlegte Arbeitsorganisation, fachliche Aus- und Weiterbildung der Mitarbeiter, Beweglichkeit im Produktionsprogramm und nicht zuletzt die soziale Gesinnung aller Beteiligten verleihen dem Werk Bestand. Ziel der Genossenschaft ist nicht der maximale Gewinn, sondern die Existenzsicherung der Mitarbeiter sowie die Weiterentwicklung des Unternehmens.

Das Gerätewerk arbeitet als Zulieferer im Metall- und Elektrobereich für Industriebetriebe und Großunternehmer. Die drei Produktbereiche sind die Erzeugung von Heiz- und Kochgeräten, die serienmäßige Metallverarbeitung von Zieh-, Preß- und Stanzteilen sowie die Herstellung von Werkzeugen und Vorrichtungen. 1989 wurden insgesamt 700 kundenspezifische Produkte erzeugt, die zu 97 Prozent exportiert wurden.

Wegen der permanenten Umsatzsteigerungen und da eine Expansion auf dem eigenen Betriebsareal nicht mehr möglich war, entschloß man sich 1989, einen Zusatzstandort in Völs bei Innsbruck zu gründen.

Sehenswürdigkeiten

Die Matreier *Pfarrkirche zu unserer Lieben Frauen Himmelfahrt*, siehe Pfons.

Niemand, der nach Matrei, kommt, sollte es verabsäumen, durch den Ort zu schlendern. Behäbig reiht sich ein schmuckes Bürgerhaus an das andere, auffällig sind die zahlreichen verzierten Erker und die kunstvollen Wirtshausschilder. Ein Fresko von der Himmelfahrt Mariens schmückt den heute stillgelegten *Gasthof „Stern"*, ein Bildnis der Heiligen Dreifaltigkeit den ehemaligen *Gasthof „Zur Rose"*, in dem sich heute die Apotheke befindet. Der wuchtige, 1471 von der reich gewordenen Frächterfamilie Heuerling errichtete Bau des *Gasthofes „Zur Uhr"*, der sechs Brände überstanden hat, diente in früheren Jahrhunderten als Ballhaus (= Ballenhaus) und im 16. und 17. Jahrhundert auch als Rathaus. Schön sind die Hauptfassade mit einem breiten Steinportal und das auf zwei Rundpfeilern aufgebaute gotische Netzgratgewölbe im großen Flur. Im hinteren Teil des Hauses, wo einst die Waage zum Abwiegen der Warenballen stand, überrascht ein durch beide Geschosse reichendes monumentales Treppenhaus. Zwei bemerkenswerte Wappenfresken schmücken die Ost- bzw. die Südwand.

Pfarrkirche Maria Himmelfahrt: Gnadenbild „Unser Herr im Elend"

Die Matreier sind stolz auf die Tatsache, daß die *Mutter Andreas Hofers, Maria Aigentler,* aus ihrer Mitte stammt. Sie wurde im Hause der heutigen Konditorei Wagner geboren. Im selben Haus kündet eine zweite Gedenktafel, daß hier Papst Pius VI. anläßlich seiner Durchreise im Jahre 1782 Brote gesegnet hat. Prächtig gestaltet ist das vom berühmten Büchsenmacher und Schlossermeister Josef Gschwendter aus St. Kathrein geschmiedete Wirtshausschild des exklusiv eingerichteten *Hotels „Krone"*. Es ist seit 1447 in ununterbrochener Erbfolge im Besitz der Familie v. Stadler, die einstens auch eine Brauerei betrieb. Mitglieder dieser Sippe bekleideten zeitweise die Würde des Marktrichters, des Bürgermeisters und des Schützenkommandanten. Der Urgroßvater des heutigen Besitzers wirkte als angesehener Abgeordneter im Tiroler Landtag. Der berühmte Maler Franz von Defregger, ein guter Freund der Familie, weilte oft in der „Krone". An ihn erinnert noch heute die gemütliche „Defregger Stube". Die „Matreier Stube" und den gediegenen Speisesaal im ersten Stock schmücken Bilder von Rafael Thaler, welche die bewegte Geschichte des Ortes zum Thema haben. Neoklassizistisch ist die Fassade des stattlichen *Gasthofs „Lamm"*, kunstvoll ausgeführt das klassizistische Wirtshausschild vom einladenden *Gasthof „Laner"*.

Am südlichen Ortsausgang steht die 1447 zugleich mit einem inzwischen abgerissenen Spital gestiftete und nach einem Brand 1640 von Paul Jenewein neu erbaute *Spitalskirche zum Heiligen Geist*, die Fresken von Helmut Rehm und Ernst Degn (um 1950) sowie einen kostbaren neuromanischen Altar (Pfingstwunder) von Josef Bachlechner d. Ä. aus dem Jahre 1909 birgt. Im Süden der im Jahre 2000 renovierten Kirche befindet sich ein moderner Brunnen des jungen Matreier Künstlers Anton Amort.

Freizeitmöglichkeiten siehe Pfons, mit dem Matrei und Mühlbachl in einem Tourismusverband zusammengeschlossen sind.

Auskunft: A-6143 Matrei Nr. 104, Tourismusverband Wipptal, Ortsstelle Matrei-Mühlbachl-Pfons
Tel.: 05273/6278, Fax: 05273/7126, Internet: http://www.wippregio.at, E-mail: info.matrei@wippregio.at

Mühlbachl

1000 m Seehöhe, 1.380 Einwohner

Nur wenigen Tirolern ist der Name der Wipptaler Gemeinde Mühlbachl bekannt. Denn obwohl sie verkehrsmäßig überaus günstig gelegen ist (Eisenbahn, Brennerautobahn, Brennerbundesstraße und Ellbögener Straße führen durch das Mühlbachler Gemeindegebiet) und ein reger Fremdenverkehr herrscht, gibt es weder eine Bahnstation noch eine Autobushaltestelle, die den Namen Mühlbachl trägt.

Das weitläufige Gemeindegebiet, in dem es kein ausgeprägtes Dorfzentrum gibt, erstreckt sich vom Südabhang des Schönberges entlang des Matreiwaldes bis zur Gemeindegrenze von Steinach. Im Norden, Westen und Süden umschließt Mühlbachl auf einer Länge von etwa 1 km die kleine Marktgemeinde Matrei. Die Fraktionen sind *Matreiwald, Zieglstadl, Altstadt, Mühlbachl,* wo sich das Gemeindeamt befindet, *Mützens, Obfeldes und Statz*; hinzu kommt noch der Wallfahrtsort *Maria Waldrast.* Höchster Punkt des Gemeindegebietes ist mit 2718 m der Gipfel der mächtigen, schöngeformten *Serles.* Goethe nannte den aus Kalk aufgebauten Berg, den er auf seiner Italienreise von Innsbruck aus bewundert hatte, den „Hochaltar von Tirol". Berühmte Reisende behaupten, die majestätische Felspyramide sei neben dem Ararat in der Türkei der schönste Berg der Welt.

Geschichte

Das Gebiet von Mühlbachl, Matrei und Pfons wurde bereits vor über 3000 Jahren besiedelt. Nördlich von Mühlbachl schäumt die Sill steil und wild durch eine enge, unwegsame Schlucht dem Inntal entgegen. Da es zwei Möglichkeiten gibt, die Schluchtstrecke zu umgehen, nehmen seit altersher in Mühlbachl zwei nordwärts ziehende Wege ihren Anfang: einerseits die nach Hall i. T. führende Salzstraße, andererseits die durch Matreiwald und über Schönberg nach Innsbruck führende Brennerstraße. Von den drei Hügeln hoch über der Weggabelung (Raspen- oder Leimbühel, Vogelbühel, Schloßbühel) war es möglich, den allzeit regen Verkehr vom und zum Brenner zu überwachen und notfalls zu sperren.

Auf diesen Hügeln und im Zwickel zwischen der Weggabelung wurden schon beim Bau der Brennerstraße im Jahre 1852 Teile eines Grabfeldes, das sich wahrscheinlich bis zum Sillufer ausdehnte, entdeckt. Vor einigen Jahren wurden neuerlich 106 etwa 3000 Jahre alte prähistorische Urnengräber freigelegt. Aus der großen Zahl der geborgenen Grabbeigaben (Armreifen, Ziernadeln, Finger- und Armringe, Schalen, Becher, Vasen, Gürtelschließen, ein Dolch, Messer mit Beingriffen und sogar drei Rasiermesser), die im Landesmuseum Ferdinandeum in Innsbruck aufbewahrt sind, kann man schließen, daß es im Mühlbachler Raum eine wohlhabende prähistorische Siedlung gab. Wahrscheinlich befand sich auf den drei „Matreier Hügeln", die sich alle auf Mühlbachler Gemeindegebiet erheben, die *römische Straßenstation Matreium*, die in der berühmten Tabula Peutingeriana, der einzigen Kopie einer Straßenkarte des Römischen Imperiums aus dem 4. Jahrhundert, eingezeichnet ist.

Den Raspen- und Schloßbühel krönten im Mittelalter bedeutende Burgen, die Vordere und die Hintere Feste. Unmittelbar vor Ende des Zweiten Weltkrieges wurde die einzige noch erhaltene Burg, Trautson, von alliierten Bombern zerstört. Das später neu aufgebaute ansitzartige Wohngebäude ist seit einem Hangrutsch (1981) gefährdet.

In den Jahren 1863 und 1911 wüteten im Ort sowie im angrenzenden Matrei verheerende Großbrände.

1979 erhielt die Gemeinde Mühlbachl ein *sprechendes Wappen* verliehen. Es zeigt ein silbernes Mühlrad und einen silbernen Wellenpfahl auf blauem Grund.

Sehenswürdigkeiten

Eine der ältesten Kirchen in der Umgebung, *St. Peter und Paul in Mützens*, wird schon 1236 genannt. Sie diente von 1429 bis 1624 während der kalten Jahreszeit, als es noch keinen Winterbetrieb auf der Waldrast gab, als Quartier für das Matreier Gnadenbild. Vom Matreier Bildhauer Jakob Pacher (1625) stammt die Schmerzhafte Muttergottes. Sie wurde von einem Heimkehrer aus dem Dreißigjährigen Krieg gestiftet. Das spätgotische, im 18. Jahrhundert barockisierte Kirchlein wurde 1995 liebevoll restauriert.

Die Terrakotta-Reliefs für die 14 *Kreuzwegstationen* auf dem alten Wallfahrerweg von Mützens nach Maria Waldrast schuf der Matreier Bildhauer Hans Buchgschwendter. Dieser Weg führt an mehreren in den letzten Jahren schön restaurierten Kapellen vorbei.

Ein eindrucksvolles modernes Marterl mit einem Mosaik von Max Weiler steht an der Bundesstraße bei Matreiwald. Es ist eine 2,70 m hohe, nach unten verjüngte Betonsäule, die von einem Bronzedach geschützt wird. Der obere Teil trägt rundherum ein Mosaik, das der aus Absam stammende berühmte akad. Maler Prof. Max Weiler 1958 schuf. Es zeigt als Hauptbild ein Kruzifix.

Zirkel, Dreieck und ein Plan weisen auf den Beruf des hier bei einem Autounfall tödlich verunglückten Landesbaudirektors Hans Menardi hin.

Unterhalb der Bundesstraße bei Matreiwald liegt das im neuromanischen Stil errichtete *Wasserschloß des 1899 errichteten Brennerwerkes.* Dieses Kraftwerk war zu seiner Zeit das größte Hochdruck-Elektrizitätswerk der österreichisch-ungarischen Monarchie.

Lohnend ist ein Besuch im alten *Lanthalerhof* (Matreiwald 15), der an der Bundesstraße zwischen Schönberg und Matrei liegt. Auf Initiative der aus Wien stammenden Keramikerin Elisabeth Rieger haben junge Kunsthandwerker und Künstler das alte Bauernhaus zu einem Haus für Kunstschaffende und Kunstinteressierte gemacht. Handweber, Korbflechter und Drechsler sowie Maler, Graphiker, Keramiker und Fotografen stellen hier ihre Werke aus.

Eine vorbildliche modern ausgebaute Heimstätte für Betagte und Pflegebedürftige ist das Annaheim im Ortsteil Zieglstadl.

Freizeitmöglichkeiten siehe Pfons!

Auskunft: A-6143 Matrei Nr. 104, Tourismusverband Wipptal, Ortsstelle Matrei-Mühlbachl-Pfons
Tel.: 05273/6278, Fax: 05273/7126, Internet: http://www.wippregio.at, E-mail: info.matrei@wippregio.at

Pfons

1043 m Seehöhe, 1.240 Einwohner

Östlich von Matrei, am rechten Ufer der Sill, liegt das weitausgedehnte Gemeindegebiet von Pfons. Hier beginnt die alte Salzstraße, die über Ellbögen, Patsch, Lans, Aldrans und Ampass nach Hall i. T. führt. Behäbige, mit Fresken und Blumen geschmückte Wipptaler Bauernhöfe und traditionsreiche Wirtshäuser sowie zahlreiche geschmackvolle neuerbaute Villen säumen den jahrtausendealten Weg, der schon in der Bronzezeit viel begangen wurde. Das Gemeindegebiet von Pfons umfaßt die Weiler und Höfe der östlichen Wipptalterrasse vom Falkasaner Bach bis zum Navistal. Die Ortschaftsbestandteile sind *Gedeier, Ried, Obpfons, Pfons und Schöfens.*

Wiesen und Äcker bei Pfons

Die beiden höchstgelegenen Punkte der Gemeinde sind das Pfoner Kreuzjöchl (2640 m) und der Mieslkopf (2623 m) mit vielfältiger Alpenflora. Oberhalb von Pfons wurde früher der Matreier Marmor (Matreier Serpentin, Ophikalzit) gebrochen. Dieses lebhaft gefärbte Gestein wurde vor allem im Wipptal häufig als Werkstein und Dekorationsmaterial verwendet, da es leicht zu bearbeiten ist. Aber auch in den großen Städten der Monarchie war der Matreier Ophikalzit begehrt. So wurde er z.B. bei der Ausgestaltung des Burgtheaters (Säulen für den Eingang zum Vestibül) und des Naturhistorischen Museums (Säulenschäfte im Vestibül des ersten Stockes) in Wien sowie für ein Theaterportal in Lemberg in Galizien verwendet.

Geschichte

Uralt wie die Siedlung ist auch der Name Pfons. Namensforscher sind sich nicht einig, ob er vom vorrömischen „phanes" bzw. „fanes" (= Berghang, Bergsturz) oder vom romanischen „pons" (= Brücke) abzuleiten ist.

1070 werden „Phunzum", 1160 „Scevanes" (Schöfens) erstmals urkundlich genannt. Das vom Amt der Tiroler Landesregierung 1987 der Gemeinde verliehene Wappen erinnert an das bereits 1257 erwähnte heimische Adelsgeschlecht der Arnholzer, die sich nach dieser Burg nannten und einen Hahn in ihrem Wappen führten; der Hammer, den er in seiner rechten Kralle hält, zeugt vom einstigen Bergbau.

Bei einem verheerenden Großbrand im Jahre 1741 wurde der gesamte westliche Dorfteil ein Raub der Flammen. Einem weiteren Großbrand im Jahre 1923 fielen große Waldflächen zum Opfer. Dies führte dazu, daß ein Jahr darauf die freiwillige Feuerwehr Pfons gegründet wurde.

Bis nach dem Zweiten Weltkrieg war Pfons eine weitgehend bäuerliche Gemeinde. Seither wurden zahlreiche Einfamilienhäuser und Arbeiterwohnstätten gebaut, und es entstanden u.a. die Wohnsiedlungen Rosiggengasse, St. Margareta und Römerweg.

1986 wurde in Pfons ein kleines E-Werk, das eine Leistung von 270 Kilowatt bringt, errichtet. Die Turbine wird aus dem Wasser einer Quelle auf der Fritzner- bzw. Ochsenalm gespeist. Das Wasser läuft durch eine vier km lange Rohrleitung, die unter Anwendung von Steckmuffenverbindungen – einem Weltpatent der Röhrenwerke Hall – unter der Erde bis zum Kraftwerk führt. Nach getaner Arbeit verläßt das Wasser die Trinkwasserturbine, und das köstliche Naß versorgt in allerbester Qualität die Pfoner Haushalte mit Trinkwasser. Darüber hinaus werden auch moderne Löschwasserleitungen versorgt und dadurch die Möglichkeiten zur eventuellen Brandbekämpfung wesentlich verbessert. So kann das kleine Pfoner E-Werk mit seinem Dreifachnutzen als für Tirol zukunftsweisendes Projekt betrachtet werden.

Stolz sind die Pfoner auf den hervorragenden Baumeister *Paul Jenewein*, der 1597 als Bauernsohn am Erlerhof in Schöfens geboren wurde. Bereits im Alter von zwanzig Jahren erbaute er die Kirche von St. Leonhard im Passeier. Vier Jahre später erhielt er den Auftrag, das Kloster auf der Waldrast zu errichten, 1637 leitete er den Wiederaufbau der abgebrannten Kirche und des Klosters St. Georgenberg. Auch die Heilig-Geist-Kirche und das Spital in Matrei sowie der Erweiterungsbau der St. Margarethen Kirche in Pfons stammen von Jenewein, der schließlich zum Stadtbaumeister und „obristen" Maurermeister der Salinenstadt Hall i. T. berufen wurde.

Sehenswürdigkeiten

Die enge Verflechtung der drei Gemeinden Matrei, Mühlbachl und Pfons bringt es mit sich, daß sie in einer einzigen Pfarre zusammengeschlossen sind (Pfarre Matrei).

Altehrwürdig ist die am östlichen Sillufer auf Pfoner Gemeindegebiet gelegene mächtige *Pfarrkirche zu Unserer Lieben Frauen Mariä Himmelfahrt*. Da die erste Christianisierungswelle im Wipptal wahrscheinlich bereits in der Römerzeit erfolgte, ist die Pfarre Matrei eine der ältesten im Lande; sie umfaßte bis ins 15. Jahrhundert das ganze Silltal und seine Seitentäler. Nach einer Urkunde des Jahres 1436 waren in Matrei acht Priester in der Seelsorge tätig. Die schon 1311 genannte, jedoch wesentlich ältere Kirche, die um 1470 von Meister Stefan umgebaut wurde, weist trotz der tiefgreifenden Barockisierung, die nach den Plänen des Hofmalers *Josef Adam Mölk* (1754/55) erfolgte, noch romanische und vor allem gotische Bauelemente auf. Neben dem großen spitzbogigen Westportal und den Schallfenstern im Turm wurden bei einer Restaurierung spätgotische Freskenreste aus der Zeit um 1500 freigelegt. Farbenfroh sind die Deckengemälde von J. A. Mölk, des großen Meisters der barocken Scheinarchitektur (geb. um 1714 in Rodaun bei Wien, gest. 1794 in Wien), der in Tirol von 1750 bis 1761 als Freskant und Leiter barocker Gesamtumbauten wirkte. Die beiden *Deckenfresken* stellen Karl VI. dar, den Vater Maria Theresias, der im Schutze der Rosenkranzkönigin und des hl. Dominikus die Türken besiegt, sowie Salomon, der seine Mutter Bethsabe zum Thron führt (Hinweis auf Christus und Maria). Auch das Altarblatt auf dem Rokoko-Hochaltar (Himmelfahrt Mariens) stammt von Mölk.

Auf dem Hochaltar steht das auch heute noch verehrte *Gnadenbild „Unser Herr im Elend"*, eine etwa 2 m große, bekleidete Ecce-Homo-Figur aus dem Ende des 14. Jahrhunderts. Es ist ein erschütterndes, fast expressionistisch anmutendes Bildnis des für die Sünder leidenden Heilands. Flankiert wird er von barocken Engelsstatuen sowie links vom hl. Dominikus, rechts von der hl. Katharina von Siena, auf dem Gebälk sieht man Engel, im Auszug die Dreifaltigkeitsgruppe. Über die Entstehung dieses wichtigen Wipptaler Gnadenbildes, dessen Kopien oft in den Bauernkapellen zu finden sind, berichtet die *Legende*: Um das Jahr 1210 hauste auf Burg Aufenstein am Eingang in das Navistal der tapfere und fromme Ritter Heinrich. Auf einer Wallfahrt ins Heilige Land sah er ein erschütterndes hölzernes Bild des gegeißelten Heilands, vor dem fromme Pilger andächtig beteten. Er ließ eine Kopie anfertigen und brachte sie auf seine Burg. Bald wurde die Statue in der Matreier Kirche zur allgemeinen Verehrung aufgestellt. Damals lebte auf der „Vorderen Feste" am Raspenbichl neben der im Zweiten Weltkrieg durch Fliegerbomben nahezu zerstörten Burg Matrei (Trautson) ein verruchter, gottloser Edelmann. Er haßte alles Heilige und ließ die Statue des Heilands in die Sill werfen. Allein, welch Wunder! „Unser Herr im Elend" befand sich am Morgen wieder an seinem Platz in der Kirche. Umsonst wiederholte der hartnäckige Kirchenschänder mehrmals seine Missetat. Aber die Statue schwamm sogar flußaufwärts. Nun kam des Ritters Gemahlin in Kindesnöte, und es schien, als ob Mutter und Kind sterben müßten. Da überfiel den Frevler Angst und Reue, und inbrünstig flehte er vor dem Bild des Gegeißelten um Gnade. Getröstet kehrte er in die Burg auf dem Raspenbühel zurück und fand seine glückliche Gemahlin mit einem Knäblein vor. Überall verbreitete nunmehr der bekehrte Ritter die wunderbare Kunde, und „Unser Herr im Elend" wurde noch mehr verehrt als bisher. Bis zum Ersten Weltkrieg war Matrei eine der bedeutendsten Wallfahrtsstätten Tirols, und die Kirche wurde sogar von den Landesfürsten reich beschenkt.

Bemerkenswert sind die um 1910 entstandenen schönen *Kirchenfenster,* bei denen das geometrische Element vorherrscht. Sie zeigen den hl. Ulrich mit der ihm geweihten Kirche von Tienzens und die hl. Euphemia mit der Burg Trautson. Die Entwürfe zu diesen Fenstern lieferte Gottlieb Schuller (1879 – 1959), eine der führenden Künstlerpersönlichkeiten der Tiroler Glasmalereianstalt.

1996 schuf der junge Matreier Künstler *Anton Amort* einen 3 m hohen, aus Edelstahl, Bronze und Stahl bestehenden Weihwasserbrunnen. Auch der kleine, aus Bronze und Bachsteinen konzipierte Brunnen am Friedhofseingang stammt vom selben Künstler.

Neben der Pfarrkirche befindet sich die spätgotische *St.-Johannes-Kirche,* die heute als Taufkapelle dient. Das hohe, schlanke, mit einem schlichten Dachreiter ausgestattete Bauwerk wurde 1509 bis 1521 von den berühmten Innsbrucker Hofbaumeistern und Erbauern des Goldenen Dachls, Nikolaus und

Gregor Thüring, errichtet und ist ein *hervorragendes Beispiel maximilianischer Gotik*. Besonders schön sind das zierliche Maßwerk und zwei Stifterwappen an der Brüstung der Empore, die von zwei gedrehten rotmarmornen Säulen getragen wird, sowie das reiche Rippenwerk mit Blumen- und Blütenmalereien und plastischen Darstellungen (Birnen, Trauben, Beeren, Granatapfel, Bärenkopf, Heiligenköpfe und Engelsgesichter). Der kleine Flügelaltar aus der Zeit um 1520 stammt wohl aus Südtirol. Kostbar und anmutig ist die um 1500 von einem Tiroler Künstler aus Lindenholz geschaffene gekrönte Muttergottesstatue mit Jesukind. In der 1988 von Ing. Hermann Plank erbauten Totenkapelle beeindruckt eine mächtige Kreuzigungsgruppe von Hans Buchgschwendter (1930) aus Matrei. Von ihm stammt auch die Bronzebüste für den unvergessenen Tiroler Theologen, Politiker und Heimatforscher Franz Kolb (1886 - 1959) an der südlichen Friedhofsmauer und der Brunnen mit der Muttergottesfigur auf dem Kirchplatz.

Die vor einigen Jahren restaurierte, von einer Mauer umgebene *Filialkirche zur hl. Margaretha* liegt auf einer leichten Anhöhe östlich von Pfons. Sie wurde 1177 erstmals urkundlich erwähnt. Als 1368 der Brixner Bischof mit seinen geharnischten Reitern und dem Fußvolk im Kampf gegen die eingedrungenen Bayern für fünf Monate in Pfons sein Heerlager aufschlug, war die Margarethenkirche das Gotteshaus für den Bischof. Der aus dem Erlerhof in Schöfens stammende vielbeschäftigte Baumeister Paul Jenewein erweiterte die gotische Kirche, die 1656 geweiht wurde. 1752 wurde ein neuer Chor errichtet. Das Gotteshaus birgt einen frühbarocken Hochaltar, der bis zur Aufhebung der Wallfahrt im Jahre 1785 als Seitenaltar in Maria Waldrast stand. Das Altarblatt mit den hll. Margaretha und Barbara stammt aus der Werkstatt Michael Waldmanns d. J. (1640 - 1682).

Die dem *hl. Nikolaus* geweihte Kapelle im Weiler Schöfens wurde 1454 im gotischen Stil errichtet und 1741 barockisiert. Das barocke Außenfresko über dem Portal stellt die hll. Blasius und Nikolaus sowie einen Bischof dar. Die Kapelle birgt einen spätbarocken Hochaltar sowie eine spätgotische Nikolausstatue aus der Pacherschule (um 1480).

Oberhalb von Schöfens liegt auf einem kleinen Hochplateau in 1180 m Seehöhe das *Bildungshaus St. Michael der Diözese Innsbruck*. Herrlich ist der Ausblick auf die Nordkette und die Serles. Ein künstlich angelegter idyllischer Weiher, der nahe Wald und die Wiesen mit zahlreichen Spazierwegen bieten den Gästen des Bildungshauses, die sich hier bei Einkehrtagen, Exerzitien und Besinnungswochen einfinden, Ruhe und Erholung.

An der Stelle des heutigen Bildungshauses stand einst die 1888 errichtete „Pension Kraft", die 1939 von der Apostolischen Administratur Innsbruck-Feldkirch käuflich erworben wurde. Für einige Zeit war hier das Priesterseminar, als es in Innsbruck von den Nationalsozialisten aufgehoben wurde, untergebracht. Aber schon im Mai 1940 vertrieb die Gestapo die Seminaristen, und die Pension Kraft wurde zunächst ein Urlauberheim für Arbeiter in Munitionsfabriken und schließlich bis zum Kriegsende ein Luftwaffenlazarett. Seit 1946 dient das nunmehrige mehrmals umgebaute und erweiterte Haus St. Michael seinem jetzigen Zweck. Im Jahr beherbergt das Haus etwa 6.000 Gäste mit insgesamt 13.000 Nächtigungen.

Die *Kapelle im Bildungshaus St. Michael* in Schöfens wurde 1961 nach den Plänen von Josef Lackner erbaut. Im einfachen, hellen Raum erhebt sich in der Mitte der Altar. Die Betondecke steigt an und geht in einen Glasturm über, so daß alles Licht auf den Altar fällt. Eine zweite, kleinere Kapelle hat Herbert Schneider aus Schwaz 1981 neu ausgestattet.

In 1140 m Höhe liegt am Berghang oberhalb des Weilers Schöfens der *Ansitz Arnholz* (Ahrnholz, Narrenholz) und darunter ein im 16. Jh. erbauter, dreigeschossiger runder Basteiturm. Die ehemalige Burg Arnholz scheint bereits im 13. Jahrhundert auf; sie hatte die Aufgabe, die über den Pfoner Bach und Schöfens nach Matrei führende Straße zu überwachen. Das reichhaltige, teilweise aus dem Schloß Itter stammende Inventar und eine umfangreiche Sammlung bäuerlicher Geräte und Einrichtungsgegenstände sowie zahlreiche Tirolensien wurden 1979 verkauft.

Die stattliche dreigeschoßige *Latschburg* in Schöfens wurde 1710 von Martin Fuchs als Edelsitz erbaut. 1956 schmückte Raimund Wörle die Fassade mit Fresken (Wappen, Waldraster Madonna). Prof. Wolfram Köberl schuf die Fresken am Erker eines Nebengebäudes mit Symbolen der vier Jahreszeiten und eine Sonnenuhr mit Muttergottes an der Westfront des Ansitzes. Besonders schön ist das Paradieszimmer mit Deckenmalereien in der Art Kaspar Waldmanns (Anfang 18. Jahrhundert). Der Ansitz ist seit 1899 im Besitz der Familie Woertz-Sprengenstein.

Freizeitmöglichkeiten (für Matrei, Mühlbachl und Pfons)

Die drei eng verzahnten Gemeinden Matrei, Mühlbachl und Pfons haben sich in einem gemeinsamen Tourismusverband zusammengeschlossen. Sie errichteten 1981 ein großzügiges Sport- und Erholungszentrum. Mannigfaltig ist das Angebot für Einheimische und Feriengäste: 4 Tennisplätze; Basketball- und Fußballplatz bei der Hauptschule; Kegeln; Zimmergewehr- und Armbrustschießen im Parkhotel; Bogenschießen, Schießplatz und Waldparcours in

Mühlbachl; Pool Billard im Gasthof Jenewein, Hotel Krone und Parkhotel Matrei; Boccia und Tischtennis im Garten des Hotels Krone; Asphaltbahnen zum Stockschießen; Kletterwand in Pfons mit ca. 15 verschiedenen Routen zwischen V. und X. Schwierigkeitsgrad; „Vitalcenter Wipptal", ein 1000 m² großes, modern eingerichtetes Fitness- und Gesundheitsstudio; 500 km langes Wegwandernetz; gratis geführte Wanderungen; Erwerb der Wandernadel; Wildgehege mit Damwild und Mufflons beim Parkhotel; Schwimmbad mit zwei beheizten Becken und Wasserrutsche im 4 km entfernten Steinach; beliebt sind die Aufführungen der Matreier Heimatbühne; Konzerte und besinnliche Abendmusik im Haus St. Michael, Kurkonzerte der Musikkapelle Matrei-Mühlbachl-Pfons, Tiroler Heimatabende.

Ein schönes Erlebnis für jung und alt bietet das seit 1997 jährlich stattfindende *Berg-Sagen-Festival.* Dabei kann man sich „auf den Spuren von Riesen, Hexen, Kasermandln und Feen" bewegen.

Wanderungen und Bergtouren

Ausgangspunkt Matrei und Mühlbachl:

- Über die Ridaungasse und Schöfens nach Pfons: ½ Std.;
- über Mützens zu den Höfen von Obfeldes (1190 m) und zurück: 1¼ Std.;
- über Mützens zum Rinderberg (1227 m): 1 Std.;
- über Mützens, Obfeldes, weiter über den Trinser Steig zu den Lärchenwiesen vom Pflutschboden (1308 m), herrliche Aussicht, und nach Steinach: 3½ Std.;
- über Mützens dem Bach entlang auf dem alten Wallfahrerweg nach Maria Waldrast (1641 m): 2 Std. (von Matrei führt auch eine Mautstraße auf die Waldrast; die Mautstelle befindet sich hinter dem Ortsteil Mützens);
- Zu empfehlen ist der *„Serles Quellenwanderweg".* Er führt von Matrei über Mützens, Obfeldes, Toneweg, Langes Tal, Matreier Ochsenalm nach Maria Waldrast und Schönanger, Rodelweg und Mützens wiederum nach Matrei. Auf dem etwa vierstündigen Wanderweg liegen insgesamt 14 Brunnen bzw. Bächlein und Quellfassungen. Am bekanntesten ist die Mutterwasser-Quelle, die seit jeher von den Wallfahrern gerne aufgesucht wurde. Sowohl hier als auch bei der Maria Waldrast Quelle vor der Wallfahrtskirche, deren Wasser als heilbringend gilt, befindet sich eine Kneippanlage.
- von der Waldrast in 3 Std. auf den Gipfel der Serles (2718 m), leichte, lohnende Gipfeltour auf gut bezeichneten Wegen, die eine weitreichende Aussicht bietet. Hier blüht im Sommer der einzigartige, unter Naturschutz stehende goldfarbene Alpenmohn;

- über Mützens und die Ochsenalm (1561 m) auf das Kalbenjoch (2226 m): 2½ Std.;
- über Mützens und die Mutterbrunnenquelle durch das Lange Tal auf die Blaserhütte (2176 m): 4 Std., von hier aus in 15 Min. auf den wegen seiner Aussicht und der unter Naturschutz stehenden reichen Flora berühmten *Blaser* (2241 m). Hier findet man u. a. den seltenen gelb-blau gescheckten Tiroler Spitzkiel;
- über Schöfens und St. Kathrein nach Navis: 2½ Std.;
- über Mühlen, Tienzens und Mauern nach Steinach: 2 Std.

Ausgangspunkt Pfons:

- Panoramaweg über Schöfens nach St. Kathrein: 1 Std.;
- über den Unterleger auf die Ochsenalm (2163 m): 3 Std. Von Pfons bis zur Ochsenalm führt eine gut ausgebaute *Mautstraße*, so daß man die Ochsenalm als Ausgangspunkt für einige Bergtouren nehmen kann: von der Ochsenalm über die Speikböden auf das Kreuzjöchl (2640 m): 1½ Std.; Geübte können von hier aus über den Rauhen Kamm (2654 m) in ½ Std. den Mieslkopf (2623 m) erreichen. Vom Kreuzjöchl aus führt eine mehrstündige Gratwanderung über die Seeblesspitze (2628 m), das Seeköpfl (2716 m) und die Grünbergspitze (2790 m) zum Rosenjoch (2796), von dort über die blumenreichen Penzböden und durch das Arztal nach Ellbögen.
- Siehe auch Wipptaler Wanderweg.

Im *Winter* bietet das Gebiet um Matrei, Mühlbachl und Pfons viele Tourenmöglichkeiten, ein Gästebus zum Nulltarif führt zu den umliegenden Skigebieten sowie zu den Langlauf- und Spazierparadiesen der Wipptaler Seitentäler. Durch den direkten Autobahnanschluß sind auch weitere Schigebiete schnell erreichbar. Herrlich sind die 4 Schiwanderloipen mit verschiedenen Schwierigkeitsstufen (25 km) auf dem Waldraster Plateau zwischen Mieders und Matrei in 1600 m Höhe. Schöne Naturrodelbahnen, u.a. von Maria Waldrast nach Matrei (5 km lang, beleuchtet), Eislaufen, Eisstockschießen, Pferdeschlittenfahrten, 20 km geräumte Wanderwege.

Auskunft: A-6143 Matrei Nr. 104, Tourismusverband Wipptal, Ortsstelle Matrei-Mühlbachl-Pfons
Tel.: 05273/6278, Fax: 05273/7126, Internet: http://www.wippregio.at, E-mail: info.matrei@wippregio.at
Bahnstation: Matrei.

Die Wallfahrt Maria Waldrast (1641 m)

Seit Jahrhunderten übt die am Fuße der einmalig schönen Serles gelegene Wallfahrtsstätte Maria Waldrast auf Pilger und Wanderer eine große Anziehungskraft aus. Wegen ihrer Lage auf dem Sattel zwischen Wipptal und Stubaital (Waldraster Sattel) kann man sie von beiden Seiten her leicht erreichen. Sie ist nicht nur die höchstgelegene Wallfahrtsstätte Tirols, sondern war lange Zeit auch einer der meistbesuchten Gnadenorte des Landes.

Legenden ranken sich um die Entstehung: Zwei Hirtenknaben aus Mützens, einem Weiler bei Matrei, entdeckten zu Ostern 1407 an einem hohlen Lärchenbaum das gewachsene Bild einer Madonna mit Kind. Herbeigeholte Männer sägten das etwa ein Meter hohe Bildnis aus dem Baumstamm und brachten es nach Matrei. Schon zu Pfingsten desselben Jahres befahl eine innere Stimme dem armen Holzknecht Christian Lusch, zur Waldrast aufzusteigen und auf einem bemoosten Stein zu warten. Dort, wo er im Wald rastete (davon kommt der Name Waldrast), zeigte ihm die als lichte Gestalt erschienene Muttergottes den Platz, auf dem er eine Kapelle erbauen sollte. Mit Unterstützung des Fürstbischofs von Brixen wurde 1429 ein Gotteshaus errichtet. Hier fand die Marienstatue ihre Heimstatt.

1621 legte Erzherzog Leopold im Beisein einer riesigen Volksmenge den Grundstein zum *Servitenkloster,* das Johann Hoffingott und Paul Jenewein aus Schöfens erbauten. Fürsten und Kaiser widmeten der Gnadenstätte kostbare Stiftungen und Geschenke. Darunter befanden sich auch seltsame Gaben, wie das blonde Haar der Prinzessin Maria Gonzaga, der Gemahlin Ferdinands II., ein aus dem Hochzeitskleid der Claudia von Medici angefertigter Ornat sowie ein von Maria Theresia und ihren Töchtern selbst gesticktes prunkvolles Gewand. Eines der wertvollsten Geschenke ist der für das Gnadenbild von Kaiser Leopold 1667 gestiftete prachtvolle Hochaltar im Renaissancestil.

Während der Blütezeit des Gnadenortes pilgerten jährlich bis zu 40.000 Wallfahrer hierher. Mehrere Laienbrüder und Kleriker sowie 16 Ordenspriester haben den Dienst am Heiligtum versehen und waren um das seelische und leibliche Wohl der Gläubigen bemüht. Auch die Tiroler Landesfürsten erwiesen der Waldraster Muttergottes die Ehre.

Zweimal wurden Kloster und Kirche Opfer weltlicher Machthaber, und beidemale verlor das Gnadenbild seinen angestammten Platz auf dem Hochaltar der Kirche, um auf unfreiwillige Wanderschaft zu gehen. *1785 befahl Josef II. die Aufhebung der Wallfahrt.* Das Klostergebäude wurde abgetragen und der Inhalt der Schatzkammer versteigert. Das Gnadenbild fand in der Pfarrkirche von Mieders Aufnahme und kehrte erst Mitte des 19. Jahrhunderts, als die Serviten das Kloster wieder errichtet hatten, im Triumphzug aus dem Exil zurück.

Auch im 20. Jahrhundert schlugen weltliche Machthaber zu und versuchten, der Marienverehrung auf der Waldrast ein Ende zu setzen. *1941, zur Zeit der kirchenfeindlichen nationalsozialistischen Herrschaft, wurden Kirche und Kloster geschlossen und die Servitenpatres vertrieben.* Die zehn Ordensmitglieder hatten binnen 48 Stunden als Staatsfeinde den Gau Tirol-Vorarlberg zu verlassen. Beherzte junge Männer aus Matrei und Mühlbachl holten die Madonnenstatue nachts heimlich aus der versperrten Kirche, um sie möglichen Zugriffen der Gestapo zu entziehen. Auf abenteuerlichen Wegen fand sie später in Köln und Andernach Zuflucht. Kurz nach dem Ende des Zweiten Weltkrieges kehrte sie in feierlicher Prozession, von Heimkehrern hinaufgetragen, in die Waldrast zurück.

Seither wurde die Wallfahrtsstätte mehrmals gründlich renoviert und erfreut sich wachsenden Zuspruchs. Auch für den Autoverkehr wurde sie erschlossen. Vom ehemaligen Gotteshaus stammt heute nur noch der dreiseitig geschlossene Chor. Von der ursprünglich gotischen Ausstattung sind außer dem Gnadenbild noch die vier an den Seitenwänden hängenden Tafelbilder mit Passionsszenen (1450) erhalten geblieben. Das Altarblatt „Maria Himmelfahrt" und das Oberbild mit Christus, der seiner Mutter Krone und Szepter überreicht, stammen vom Innsbrucker Maler Michael Waldmann d. J. (1666). Die hochverehrte Gnadenstatue, eine Madonna, die dem Jesukind einen Apfel reicht, ist im frühen 15. Jahrhundert entstanden. Das Deckenbild im Presbyterium, ebenfalls von Waldmann, stellt die Auffindung des Gnadenbildes dar. Die zahlreichen Votivgaben in einem Nebenraum der Kirche zeugen vom gläubigen Sinn der Wallfahrer.

Im sogenannten Nebenhaus schräg gegenüber der Wallfahrtskirche wurde in den letzten Jahren zu Ehren des Servitenheiligen Peregrin Laziosi (1265 – 1345) eine Kapelle errichtet. Der hl. Peregrin wurde auf wunderbare Weise von einem Krebsleiden geheilt und gilt darum als Patron der an Krebs Erkrankten. Die Peregrini-Verehrung ist besonders in Spanien und Kanada weit verbreitet.

Von der Kapelle zu Ehren des hl. Peregrin führt eine Tür zu einem – ebenfalls neugestalteten – Meditationsraum. Die stille Schlichtheit dieses Raumes läßt den Besucher innerlich still werden und sich auf das Wesentliche besinnen.

Maria Waldrast ist mehr als bloß ein historischer Wallfahrtsort mit viel Tradition. Maria Waldrast will ein Ort der „Rast" sein gerade in einer Zeit, wo die Menschen von Unrast, Hektik und Streß gejagt und geplagt sind.

Die Waldrast ist auf mehreren Wegen erreichbar:

Der am häufigsten begangene führt von Matrei aus über den Weiler Mützens, das Mühlbachtal aufwärts, begleitet von den Kreuzwegstationen des Bildhauers Buchgschwendter aus Matrei (ca. 1¾ Std.). Parallel zu dieser Route führt eine im Sommer mautpflichtige Autostraße bis zur Wallfahrt.

Vom Stubaital aus führt ein Weg von Schönberg über die Gleinser Höfe hinauf zum landschaftlich schönen Gleinser Jöchl. Reizvoll sind die lärchenbestandenen Bergmähder mit ihrer reichhaltigen Flora. Von dort erreicht man, leicht bergab gehend, den Waldraster Sattel und die Wallfahrtsstätte (Gehzeit etwa 3 Std.). Von Mieders aus führt ein Sessellift bis auf eine Höhe von 1625 m. Von dort sind es nur noch 45 Min. bis zur Waldrast. Von Fulpmes gelangt man über den Berghof „Sonnenstein" (1½ Std.) in insgesamt 3 Std. auf die Waldrast. Lohnend ist auch der Besuch der Auffindungskapelle, die etwa 20 Min. oberhalb der Wallfahrtskirche liegt.

Im Winter ist die Waldrast der Ausgangspunkt einer Höhenloipe und einer 5 km langen Naturrodelbahn.

Navis

1343 m Seehöhe, 1.910 Einwohner

Südlich der Häuserreihe von Matrei mündet vom Osten her das etwa 10 km lange Navistal. Das sonnendurchflutete Hochtal mit seinen weit verstreuten Höfen wurzelt am Klammjoch (2359 m), am Fuße der höchsten Gipfel der Tuxer Voralpen; leicht begehbare Jöcher stellen die Verbindung zum Volder- und Wattental her. Herrlich ist der Blick, den man schon vom Wipptal aus auf den Taleingang genießt und der vielen Malern immer wieder als Motiv gedient hat. Hoch über der Talmündung erheben sich die *Kirche zur hl. Katharina* und die wegen ihrer wertvollen Fresken berühmte *Burgkapelle von Aufenstein*; auf der südlichen Talseite liegt auf einer Terrasse der schon zu Steinach gehörende Weiler *Tienzens* mit dem gotischen Ulrichskirchlein. Im Hintergrund ragen die *Sonnenspitze* und der 2886 m hohe *Reckner*, der höchste Berg des Gemeindegebietes, empor. Ihm zu Füßen liegt der *Staffelsee*, ein Kleinod der Naviser Bergwelt. Im hinteren Navistal, im Gebiet der *Klammalm*, werden immer wieder schöne, zart ausgebildete Bergkristalle gefunden.

Die kurvenreiche Asphaltstraße wurde während des Zweiten Weltkrieges von französischen und jugoslawischen Kriegsgefangenen errichtet und ist seit 1981 weiter ausgebaut worden. Sie führt hoch über dem schäumenden Naviser Bach am rechten Talhang entlang (Höchststeigung 13 Prozent). Es ist die besiedelte, mit Wiesen und Feldern bedeckte Sonnenseite, an der uralte blumen- und freskengeschmückte, architektonisch interessante Bauernhöfe liegen. Von der Talmitte aus zweigt der „Oberweg" ab, der als aussichtsreiche Panoramastraße weit ins Tal bis zu den 1500 m hoch gelegenen Grünhöfen hineinführt und wieder in die Naviser Landesstraße, in den sogenannten Unterweg, einmündet. Auf der Schattenseite des Tales liegen die noch steileren, bis zum Talboden mit Nadelwäldern bedeckten Hänge.

Zum weitausgedehnten Gemeindegebiet, das von der Sill bis zum Klammjoch reicht, gehören die Ortsteile *Außernavis* (Mühlen, Hölltal, St. Kathrein, Partull, Außerweg), *Unterweg* (Kotsutt, Kopfers, Kohlstatt) und *Oberweg* (Grün, Häuserer, Tremler, Gänsetrater). Gemeinde und Tal bilden eine Einheit. Die Pfarrkirche und der Sitz der Gemeinde befinden sich in der Kohlstatt.

Im Tal gibt es zwar nur noch wenige Vollerwerbsbauern, aber über 100 landwirtschaftliche Betriebe werden im Nebenerwerb geführt. 25 Almen ermöglichen eine blühende Viehzucht. Ein Großteil der Erwerbstätigen pendelt in den Raum Innsbruck aus. Dank der landschaftlichen Schönheit des Tales nimmt der Fremdenverkehr allmählich zu.

Kirchlein von St. Kathrein mit der Burgkapelle Aufenstein

Geschichte

Die Sprachwissenschaftler sind sich nicht einig, ob Navis ein rätischer oder ein romanischer Ortsname ist. Die einen leiten ihn von der indogermanischen Wurzel „nav" (= fließen, schwimmen), andere vom lateinischen „in abisso" (= in der Schlucht) ab. Ein umfangreiches Depot römischer Münzen, das 1981 im Weiler Mühlen ausgegraben wurde, belegt die Anwesenheit der Römer im Naviser Gemeindegebiet. Die vordringenden Bajuwaren nutzten das Tal als Weide-, Alm- und ergiebiges Jagdgebiet, eine dauernde Besiedlung erfogte erst gegen Ende des 13. Jahrhunderts. Größte Grundherrschaft im Tal war das niederbayrische Benediktinerkloster Biburg. Eine große Rolle spielten auch die Herren von Aufenstein, die den Uhu (Auf) im Wappen führten. Seit 1975 schmückt der Nachtvogel das in Schwarz, Grün und Gold gehaltene Gemeindewappen.

Der Flurname *Knappenkuchl* oberhalb der Klammalm und die Kupferbergalm erinnern daran, daß hier im 15. und 16. Jahrhundert Kupfer und Silber abgebaut wurden. 1611 verheerte die Pest das Tal, nur fünf Ehepaare sollen die Seuche überlebt haben. Während des Tiroler Freiheitskampfes gegen Bayern und Franzosen (1767 - 1810) zeichneten sich die Naviser Schützenhauptleute *Johann Penz und Johann Mösl* besonders aus. Das Tal hat zu allen Zeiten *bedeutende Persönlichkeiten* hervorgebracht: Einer der erfolgreichsten Tiroler Kirchenarchitekten war der am Sennhof in Außernavis als Bauernsohn geborene, spätere Priester *Franz de Paula Penz* (1707 - 1772). Der geniale Autodidakt wurde von der kirchlichen Behörde mit dem Bau zahlreicher Kirchen und Pfarrhäuser beauftragt. Als Penz 65jährig als Pfarrer von Telfes im Stubaital starb, hatte er 14 Kirchen und 8 Pfarrhäuser gebaut. Von ihm stammen die Kirchen in Navis, Arzl bei Innsbruck, Weerberg, Schönberg, Fulpmes, Gschnitz, Schmirn, Telfes im Stubai, Obertilliach im Lesachtal, Anras im Pustertal, Gossensass, das 1853 abgebrannte Steinacher Gotteshaus, Neustift im Stubai, die herrliche Wiltener Basilika und die Kirche der Englischen Fräulein in Brixen. An den Kirchen in Mieders und St. Michael in Gnadenwald führte er Umbauten durch. Er errichtete auch schöne Pfarrhäuser in Telfes, Fulpmes, Schönberg, Gnadenwald, Gschnitz, Weerberg, Schmirn und Navis. *Vinzenz Halder* (1879 - 1936), ein Bauernsohn vom Oberweg, wirkte als Priester und Direktor einer Missionsstation auf Borneo. Auf einem Bauernhof in Außerweg wurde 1886 *Franz Kolb* geboren. Der junge Priester wirkte als Feldkurat während des Ersten Weltkrieges. Als Abgeordneter im Österreichischen Nationalrat machte er 1928 in einer großangelegten Rede die Weltöffentlichkeit auf das Leid der Südtiroler unter der faschistischen Diktatur aufmerksam. Groß war sein Einfluß als Geschichts- und Geographieprofessor sowie als Direktor der Lehrerbildungsanstalt in Innsbruck. In zahlreichen wissenschaftlichen Veröffentlichungen befaßte er sich mit der Geschichte Tirols und besonders des Wipptales. Grundlegende Forschungsarbeit leistete er in seinem umfangreichen Werk „Das Tiroler Volk in seinem Freiheitskampf 1796/97". Der von allen traditionsbewußten Landsleuten hochgeschätzte „Herold Tirols" starb im Jahre 1959.

Sehenswürdigkeiten

Hoch über dem Eingang ins Navistal blicken das *Kirchlein von St. Kathrein* und die *Burgkapelle von Aufenstein* herab ins Tal. Hier stand einst die trutzige Burg Aufenstein, der Sitz des gleichnamigen Geschlechtes, das schon im 13. Jahrhundert urkundlich genannt wurde. Lange waren die kunstsinnigen Aufensteiner treue Gefolgsleute der Grafen von Tirol, bis sich Konrad III. in seiner Funktion als Landeshauptmann von Kärnten für den Anschluß dieses Landes an die Habsburger und damit gegen die Tiroler entschied. Daher ließ der erboste Graf von Tirol das Stammschloß der Aufensteiner erobern und zerstören.

Aus den Steinen der einstigen Burg erbaute man 1474 die gotische Kirche zu St. Kathrein, die 1718 barockisiert wurde. Die ältesten erhalten gebliebenen Schnitzfiguren Nordtirols, eine wegen Diebstahlsgefahr leider nicht aufgestellte lebensgroße frühgotische Verkündigungsgruppe aus dem frühen 14. Jahrhundert, war das kostbarste Juwel des Gotteshauses. Die Figuren werden in Matrei beim Dekan aufbewahrt. Maria von Stadl malte 1882 das Bild (Christus, Madonna und hl. Katharina) für den Spätrokoko-Hochaltar. Bemerkenswert sind eine barocke Holzstatue der Rosenkranzmadonna und die Deckenfresken mit Szenen aus dem Leben der hl. Katharina.

Von der Katharinenkirche gelangt man in die erhalten gebliebene, 1331 geweihte, doppelgeschoßige *Burgkapelle von Aufenstein*. Lange Jahre wurde die Kapelle als Schulraum benützt; 1909 entdeckte die Lehrerin Barbara Fliri Wandgemälde, die man zunächst durch eine Vertäfelung schützte. Nach 17jähriger, mühevoller Restaurierungsarbeit wurden in Aufenstein die bedeutendsten frühgotischen Fresken Nordtirols freigelegt. Besonders interessante Themen im Obergeschoß sind das Pfingstwunder, Veronika mit dem Schweißtuch, eine Schutzmantelmadonna, die hl. Ursula mit den Jungfrauen, ein Dreikönigszug, die Darstellung Jesu im Tempel und der Tod der Muttergottes. Eindrucksvoll ist auch das „Gastmahl beim Pharisäer Simon" mit einer realistischen Darstellung der Speisen und der über beide Geschosse reichende hl. Christophorus. Im Unterstock fallen besonders der „Triumph des Todes" und die „Personifikationen der Laster" auf. Zwei Renaissancemalereien aus der zweiten Hälfte des 16. Jahrhunderts (mystische Einhornjagd und Verkündigungsengel mit Lanze und Hifthorn), welche die alten gotischen Bilder verdeckten, wurden abgehoben und an der linken, von Fresken freien Wand angebracht.

Die 1515 erwähnte und 1744 von Franz de Paula Penz barockisierte Naviser Pfarrkirche im inneren Tal mußte 1969 wegen eines Hangrutsches teilweise abgetragen werden. Nach den Plänen von Clemens Holzmeister wurde sie zu einer *Friedhofskirche* umgebaut. Sie birgt schöne Holzreliefs von *Josef Bachlechner*, einem der letzten und bedeutendsten Künstler der Neugotik, (rechts Opfer Abrahams, links Opfer des Jerusalemer Priesterkönigs Melchisedech) und das ehemalige Altarblatt von Rupert Meier (1732), das die beiden Pilgerpatrone Christophorus und Jakobus darstellt. Im Friedhof stehen schöne schmiedeeiserne Kreuze.

Holzmeister plante auch die 1966/67 errichtete neue *Pfarrkirche zum hl. Christophorus*. Mit der Friedhofskapelle und dem Pfarrhaus ergibt sie ein eindrucksvolles Ensemble. Mächtig wirkt im modernen, hellen Raum die von Josef Bachlechner d. Ä. 1912/13 geschnitzte Kreuzigungsgruppe, die beim Wiener Festzug 1912 von der Tiroler Landstürmergruppe mitgetragen wurde. Die Kirche schmücken noch eine spätgotische Madonnenstatue aus dem 16. Jahrhundert, die Statuen der Apostelfürsten Petrus und Paulus von Franz Nissl d. J. (1771 – 1855) auf der Emporenbrüstung, die 1967 von Anton Tiefenthaler aus Mils geschaffenen Kreuzwegstationen sowie das überlebensgroße Kreuz aus der Friedhofskirche.

Prachtvoll sind die Fresken in der Art des berühmten Matthäus Günther an dem 1756 von Franz de Paula Penz erbauten *Pfarrhaus* (allegorische Darstellungen von Gerechtigkeit, Liebe, Glaube und Hoffnung). Wie dies in Tirol bis vor kurzem mitunter der Fall war, diente das Pfarrhaus in Navis als Gaststätte und war bis 1953 das einzige Wirtshaus in Innernavis.

Am Dorfplatz steht das 1934 errichtete Kriegerdenkmal mit einem Holzrelief des Matreier Bildhauers Hans Buchgschwendter, der auch das Kreuz am Unterweg, Haus Nr. 36, schuf. Besonders schöne Bauernhäuser sind der Liesenhof (Grün Nr. 10), der mit Fassadenmalerein aus dem frühen 18. Jh. geschmückte Peerhof (Oberweg Nr. 22), der Vögelerhof (Oberweg Nr. 33) und der Möslhof (Navis Nr. 36).

Freizeitmöglichkeiten

Das kleine Erholungsdorf bietet vor allem wanderfreudigen Gästen einen schönen Aufenthalt in der durch eine vielfältige Alpenflora gekennzeichneten Bergwelt der Tuxer Voralpen. Sportplatz, Schach, Schießstand, Erwerb der Wandernadel.

Wanderungen und Bergtouren

Ausgangspunkt Innernavis, Dorfplatz:

- Waldweg zur Lourdeskapelle (1361 m): 1/4 Std.;
- Waldweg über die Lourdeskapelle zur Lärchenwaldlichtung Zellweggen (1400 m), schöne Aussicht auf das Navistal und auf den Serleskamm: 1/2 Std.;
- über den Weiler Grün (1500 m) zur Grüner Mühle und zur Waldlichtung Au am Klammbach (1485 m): 1 1/2 Std.;
- zur Weirichalm (1657 m): 1 1/2 Std.; von hier aus weiter über die Steixner- und Kupferbergalm in 3 Std. auf das 2536 m hohe Kreuzjöchl, Abstieg

über das „Bettlerstiegl", Griffalm, Poltenalm, Naviser Hütte in 2½ Std. nach Navis. Gesamtgehzeit 6½ Std.;

- Rundwanderung über Naviser Hütte (1777 m), Poltenalm, Klammalm (1948 m), Peeralm (1680 m), Grünhöfe zurück nach Navis: 4 Std.;
- Lizumer Sonnenspitze (2831 m): 5 Std.;
- Lizumer Reckner (2886 m), herrliche Flora und großartiges Panorama: 6 Std.;
- Naviser Reckner (2825 m): 6 Std.;
- Tarntaler Köpfe (2757 m): 6 Std.

Winter: 2 Schilifte, weitläufiges Tourengebiet, Langlaufloipe, Rodelbahn von der Naviserhütte, geräumte Wanderwege.

Auskunft: A-6143 Navis, Tourismusverband (Montag bis Freitag 8 – 10 Uhr). Tel.: 05278/6408, Fax: 05278/6420, Internet: www.tiscover.com/steinach-trins-gschnitz, E-mail: info.navis@wippregio.at
Bahnstation: Matrei (8 km), Busverbindung.

Steinach

1048 m Seehöhe, 3.300 Einwohner

Steinach am Brenner

Der 1936 zum Markt erhobene stattliche *Hauptort des Nordtiroler Wipptales* liegt etwa 26 km südlich von Innsbruck in schöner, offener Lage an der Mündung des Gschnitztales. Wiesen, Wälder und mächtige Berge umkränzen den etwa 3 km langen Straßenort, dessen Gemeindegrenzen sich zwischen den Talengen von Puig und Stafflach erstrecken; Gschnitzer Bach und Sill rauschen schäumend durch den Ort. Zur Gemeinde gehören die Fraktionen *Salfaun, Puig, Mühlen* (zwei Häuser links des Naviserbaches), *Harland, Siegreid, Wolf, Stafflach und Plon* sowie die uralten Kirchweiler *Mauern und Tienzens.* Diese beiden liegen etwa 50 m über dem Talboden auf einer aussichtsreichen Terrasse. Auf dem Weg nach Nößlach entspringt die *Felperquelle*, die zweitstärkste radiumhältige Quelle Österreichs (Naturdenkmal). Die höchsten Berge sind der selten bestiegene Schafseitenspitz (2602 m) und der 2436 m hohe Bendelstein, die zu den Tuxer Voralpen gehören.

In der traditionsreichen Fremdenverkehrsgemeinde gibt es mehrere Gewerbebetriebe. Weit über die Grenzen Tirols hinaus bekannt ist die *Orgelbauanstalt* Johann Pirchner, die alle für den Bau einer Orgel notwendigen Arbeitsgänge selbst ausführt. Holz-Alufenster produziert die Firma HELLA Fenstertechnik; sie vermarktet die Produkte in Österreich und im benachbarten Ausland. Das Unternehmen arbeitet mit modernsten Maschinen auf einer Gesamtfläche von über 7000 m^2 und hat etwa 60 Mitarbeiter. Der größte Betrieb im Ort ist die im Jahre 1989 gegründete Fa. Raffl Anlagenbau Ges.m.b.H., die sich hauptsächlich mit Stahlbau und der Entwicklung sowie Herstellung von Sondermaschinen befaßt. Die Firma beschäftigt im Durchschnitt 90 Mitarbeiter. Bis zum Jahre 1945 bestand noch eine Lederfabrik; sie war als Lieferant vorzüglichster Ledersorten in aller Welt berühmt. Noch immer zählt man 8 Vollerwerbsbauern.

Geschichte

Steinach verdankt seine Entstehung dem Verkehr auf der Brennerstraße. Hier überquert der uralte Weg, der von der Nößlacher Hochfläche herunterführte, die beiden Wildbäche (Sill und Gschnitzer Bach) und stieg dann auf die östliche Wipptalterrasse von Mauern hinauf. Die Legende berichtet, daß die heidnischen Bewohner dieser Gegend den hl. Valentin, der sie zum Christentum bekehren wollte, mit Steinen verjagten. So wurde früher die Entstehung des Ortsnamens gedeutet. Der Name Steinach, früher „Steina", stammt wohl von den vielen großen Steinen ("Bachfindlinge"); zwei davon sind nach dem Wiederaufbau nach Kriegsende zur Besichtigung freigelegt worden. Die im Mittelalter entstandene Siedlung wird 1242 erstmals schriftlich genannt, damals gehörte sie noch zum Gericht Matrei. Später wurde der Gerichtssitz nach Aufenstein am Eingang ins Navistal und schließlich 1349 nach Steinach verlegt, wo bis 1977 ein Bezirksgericht bestand. Schon 1407 wurde der Ort als Markt bezeichnet, die offizielle Markterhebung erfolgte jedoch erst 1936. Das damals der Marktgemeinde verliehene Wappen ist schon seit 1752 als

Steinacher Gerichtssiegel bekannt. Es zeigt auf blauem Schild einen goldenen Pfeil zwischen zwei goldenen Steinen. Der Pfeil soll die Ache, an deren Ufer Steine liegen, andeuten.

Das Gebäude, in dem das Bezirksgericht seinen Sitz hatte, war vermutlich einmal ein Wachturm. Er sollte die Straße, die in einer Furt den Gschnitzer Bach überquerte, sichern. Daraus ließ Kaiser Maximilian ein Jagdschloß erbauen, in dem er gerne weilte, wenn er mit seinem großen Gefolge zur Gemsen- oder Hirschjagd aufbrach. Zwei verheerende Brände in den Jahren 1585 und 1853, die den Ort merkwürdigerweise beide Male am 17. Jänner heimsuchten, zerstörten weitgehend das Maximilianische Jagdschloß. Auf den Ruinen wurde das heutige ortsbeherrschende Amtsgebäude errichtet, das bis 1977 das Bezirksgericht beherbergte.

1631 zogen 200 Wipptaler (siehe die Geschichte des Riesen Gogl unter Vals!) als Landsknechte für ihren Landesherrn in den Krieg. Nur sieben von ihnen blieben am Leben und kehrten nach sieben Jahren in ihre Heimat zurück, darunter befand sich auch der Bauer von Malsein. Da er die Nachricht erhalten hatte, daß sein Eheweib verstorben sei, nahm er sich eine junge Schweizer Marketenderin zur Frau und wollte mit ihr auf seinen Wipptaler Hof ziehen. Aber seine Frau lebte noch und kam ihm freudig entgegen. Da mußte das unglückliche Mädchen aus Graubünden von ihrem Liebsten lassen und ins Engadin zurückkehren. Ein Fresko beim Hotel „Rose" hält die Erinnerung an dieses Geschehen wach.

Im *Hotel „Rose"* wohnte 1703 während des „Bayrischen Rummels" der bayrische Kurfürst Max Emanuel. Deshalb wird die „Rose" von den Einheimischen auch der „Boar" genannt. Im ehemaligen Hotel „Steinbock" schlug Andreas Hofer 1809 mehrmals sein Hauptquartier auf, hier unterschrieb er auch am 3. November 1809 die denkwürdige Unterwerfungsurkunde. Größte Bombenschäden erlitt die Ortschaft gegen Ende des Zweiten Weltkrieges, heute jedoch ist sie schöner und größer als je zuvor.

Steinach war immer schon ein musisches Dorf, hier wurden zahlreiche Künstler geboren. Der berühmteste ist *Martin Knoller* (1725 - 1804), der die ersten künstlerischen Anregungen von seinem Vater, der ebenfalls Maler war, erhielt. An der Wiener Akademie wurde er Schüler des aus Welsberg im Pustertal stammenden Paul Troger, der als einer der größten Meister der Barockmalerei gilt. Während Knoller seine ersten Fresken noch im Stil des Spätbarocks schuf, ist sein weiteres Werk stark vom Klassizismus, den er in Italien kennengelernt hatte, beeinflußt. Ab dem Jahre 1793 wirkte er in Mailand als Professor an der „Academia di Brera". Aus seinem reichen Schaffen seien folgende Werke genannt: Fresken in der Kirche zu Anras im Pustertal, Kuppelfresko der Karlskirche in Volders, Werke in Neresheim in Württemberg (seit 1976 Partnergemeinde), in der Klosterkirche von Ettal, in der Stiftskirche von Gries bei Bozen, im „Bürgersaal" zu München, das „Urteil des Paris" im Palais Taxis in Innsbruck sowie Arbeiten in Wien und Mailand. Die Steinacher Pfarrkirche birgt drei berühmte Altarbilder des großen Meisters.

Ein weiterer Künstler, *Georg Mader* aus Stafflach, der die Steinacher Pfarrkirche mit Fresken schmückte, gilt als hervorragender Vertreter des Nazarenerstils. Als Kaiser Franz Josef die Steinacher Pfarrkirche besuchte, gefielen ihm die Wandbilder Maders so gut, daß er den Künstler beauftragte, die Pfarrkirche in seiner Sommerresidenz Bad Ischl mit Fresken zu schmücken. Weitere Werke findet man in der Stadtpfarrkirche von Bruneck, in Kematen und im Dom zu Speyer.

Zwei namhafte Steinacher Bildhauer waren die Brüder *Josef* (1903 – 1980) und *Prof. Franz Staud* (1905 – 1959), deren Werke sich vor allem in vielen Kirchen des In- und Auslandes befinden.

Ein Fresko am Erker der Orgelbauanstalt erinnert an *Josef Gregor Zangl*, der von 1821 bis 1865 lebte. Während seiner Tätigkeit als Domkapellmeister in Brixen komponierte er u.a. mehrere Messen, Marienlieder und einige Märsche.

Ein Vorbild mutiger christlicher Grundsatztreue war der 1916 in Steinach geborene *Dr. Walter Krainc*. Er wurde 1944 in Südfrankreich standrechtlich erschossen, weil er sich als Angehöriger der deutschen Wehrmacht geweigert hatte, Geiseln zu erschießen.

Ein gebürtiger Steinacher war auch *Georg Luger* (geb. 1849, gest. 1923 in Fichtenau bei Berlin), der sich einen großen Namen als Erfinder und Waffentechniker machte. Bekannt wurde vor allem die von ihm entwickelte „Luger-Pistole", von der über 3 Millionen Stück erzeugt wurden.

Sehenswürdigkeiten

Gleichsam wie ein mächtiger Dom erhebt sich an der alten Brennerstraße die neuromanische *Pfarrkirche zum hl. Nothelfer Erasmus*. Wechselvoll wie das Leben auf dieser vielbefahrenen und begangenen Straße ist auch die Geschichte der Kirche. Das 1337 erstmals genannte Gotteshaus wurde 1763 von Franz de Paula Penz erweitert und barockisiert. Damals bestellten die Steinacher bei ihrem berühmtesten Ortskind, bei Martin Knoller, die Bilder für den Hoch- und die beiden Seitenaltäre. Als im Jahre 1853 ein verheerender Brand den Ort heimsuchte, wurde auch die Kirche ein Raub der Flammen. Nur dem Opfermut des Pfarrmesners Anton Stockhammer und der Gebrüder Strickner, die, anstatt den Brand im eigenen Haus zu bekämpfen, in die Kirche eilten, ist es zu verdanken, daß der Hochaltar und die drei Altarbilder von Knoller gerettet wurden.

Beim Wiederaufbau des Gotteshauses wurden ausschließlich Steinacher Künstler herangezogen. Josef Vonstadl plante und errichtete 1855 den Bau, von Georg Mader stammen die im Nazarenerstil gehaltenen Fresken (1871). Die Bildhauer Strickner und Plattner wirkten bei den Altarbauten und beim Ergänzen der Plastiken mit. Von Anton Strickner und Georg Niederkofler stammen die Kreuzwegstationen (1862), die heimische Orgelbauanstalt Reinisch schuf 1936 die Orgel. Den wertvollsten Schmuck der Kirche stellen aber nach wie vor der prachtvolle Hochaltar von Johann Perger aus Sterzing, der zu den schönsten Barockaltären Tirols zählt, sowie die drei kostbaren Altarbilder Martin Knollers dar (der hl. Erasmus vor der Muttergottes, die laut Volkstradition die Züge der Frau des Künstlers, Annunciata Cardini aus Mailand, trägt, Sebastian und Johannes der Täufer). Da die Kirche im Zweiten Weltkrieg durch Bombenschäden schwer gelitten hat, wurde sie gründlich restauriert. Im Zuge dieser Arbeiten schmückte Wolfram Köberl aus Innsbruck den Chor mit einem Fresko, das den Geist des Barocks in gekonnter Art neu aufleben läßt.

Reizvoll angelegt ist der *Kalvarienberg* mit einer spätbarocken Kapelle (um 1790) und sechs Bildstöcken, die 1982 von Alfons Kasseroler mit Mosaiken geschmückt wurden. Wahrscheinlich war der Hügel schon in urgeschichtlicher Zeit besiedelt. In Kriegszeiten wurden hier „Kreyden Feuer" abgebrannt.

Hoch über Steinach liegt weithin sichtbar in landschaftlich reizvoller Lage *Mauern* mit seiner romanischen *Kirche zu Ehren der hl. Ursula* und der elftausend Jungfrauen. Historiker nehmen an, daß hier bereits zur Römerzeit eine Burganlage bestand. Sicher ist, daß die Kirche und das Dorf Mauern viel älter sind als Steinach, doch wird die Kirche erst 1201 erstmals urkundlich erwähnt. 1678 wurde das alte Gotteshaus durch einen Neubau ersetzt, 1968 bis 1973 renoviert. Als besonders wertvolles Kleinod birgt St. Ursula eine spätgotische Schnitzgruppe der Mutter Anna Selbdritt (um 1515). Der kleine *Friedhof*, der die Kirche umgibt, ist eine der ältesten Begräbnisstätten des oberen Wipptales. Sogar von Hintertux im Tuxertal wurden die Toten auf einem zweitägigen beschwerlichen Weg über das Tuxer Joch und durch das Schmirntal zum Friedhof von St. Ursula gebracht. Drei schlichte Tuxer Kreuze neben der Kirchtüre erinnern noch daran.

Rund 2 km nordöstlich von Steinach liegt in 1161 m Höhe der Weiler *Tienzens* mit der schon 1306 erwähnten spätgotischen *Filialkirche zum hl. Ulrich*, die 1732 im Inneren barockisiert wurde. Den barocken Altar und die Statuen schuf 1764 Johann Perger aus Sterzing, das schöne Altarblatt, eine Mariahilf-Madonna, malte Franz Anton Zeiller. Kunstvoll gestaltet ist die Rokokokanzel, gegenüber hängt ein Holzkruzifix aus dem 16. Jahrhundert. Der Name Tienzens weist auf prähistorische Besiedlung hin. Noch im 13. Jahrhundert gehörte Tienzens dem Hochstift Augsburg, dessen Patron der hl. Ulrich ist. Hier befindet sich auch der *Bostenhof*, der älteste Erbhof Österreichs, der sich nachgewiesenermaßen mindestens seit dem Jahre 1374 im Besitze der Familie Peer befindet.

Tienzens ist ein strategisch wichtiger Punkt, von dem aus das ganze Wipptal überschaut werden kann. Daher loderten hier in Notzeiten die „Kreyden Feuer", die als eine Art „Feuertelegraph" wichtige Meldungen nach Norden und Süden weitergaben. Die nächsten *„Kreyden Feuer"*-Stationen waren Matrei, Schönberg und St. Peter (Ellbögen).

An der alten Straße nach Matrei steht der *Brünnler-Hof*, der früher „am Hof" genannt wurde. Die Überlieferung berichtet, daß hier 1530 Kaiser Karl V. und sein Bruder Ferdinand übernachteten. Das mit Rokokomalereien geschmückte Haus birgt im oberen Flur Wappenfresken des maximilianischen Hofmalers Sebastian Scheel (1538).

Der gotische *Bildstock* nahe der Sill im Weiler Puig, der neuere Fresken vom Schwazer Maler Karl Rieder enthält, erinnert an den Tod der Frau Afra von Villanders, der Burgfrau von Aufenstein, die beim Ritt über die Brücke in die Sill stürzte und ertrank.

Die 1963 erbaute *Huebenkapelle* birgt ein wertvolles, lebensgroßes Kruzifix, das der Sage nach bei einem Hochwasser angeschwemmt wurde und an dieser Stelle aufrecht stehen blieb.

Architektonisch interessant ist das an der Trinser Straße 31 von Heinz Tesar für den Pianisten Theo Peer entworfene, an ein Einfamilienhaus angebaute *Ton-Studio*. Friedrich Achleitner bezeichnet es als „so etwas wie einen Schlüsselbau der neueren Bauentwicklung".

Anläßlich der 50-Jahr-Feier der Markterhebung 1986 fand die Einweihung des *Dr. Hermann-Holzmann-Denkmals* von Alfons Kasseroler zu Ehren des berühmten Sohnes der Gemeinde statt. Der Huiseler Hermann (1906 – 1971), so wurde er von seinen Landsleuten in Steinach genannt, wirkte jahrzehntelang als feinsinniger Dichter, Volkskundler und Historiker und war der beste Kenner des Wipptales und seiner Seitentäler.

1991 eröffnete die Marktgemeinde im Haus Brennerstraße 28 das *Graber-Museum*. Es beherbergt rund 100 Ölgemälde und 20 Graphiken des 1990 verstorbenen Malers Prof. Alfons Graber, dessen künstlerisches Schaffen sich vor allem mit dem Menschen beschäftigt. Die Bilder sind ein Geschenk des Künstlers an die Gemeinde.

Freizeitmöglichkeiten

Schon seit über 100 Jahren ist Steinach eine international bekannte Sommerfrische. Dies verdankt sie dem gepflegten Ortsbild, dem herrlichen Ausblick bis zum eisumgürteten 3277 m hohen Habicht sowie der langen Sonnenscheindauer und dem sich daraus ergebenden milden Höhenklima. Der Ort, in dem sich die Bezirksstelle Innsbruck-Land des Roten Kreuzes und der Tourismusverband Wipptal befinden, bietet seinen Gästen eine reiche Palette an Freizeiteinrichtungen: Steinacher Bergbahnen, die eines der schönsten Wandergebiete im Wipptal erschließen, Kurpark mit dem angrenzenden „Wipptal-Center-Tannenhof" mit Veranstaltungssaal, Pizzeria und Diskothek; Kur- und Kirchenkonzerte, Freischwimmbad, öffentlich zugängliche Hallenbäder, Sauna, 5 Tennisplätze, Minigolf, Schach, Schießstand, Stockschießen, Angelsport, Kutschenfahrten, Reiten, Radwanderwege, Mountainbiken, Fitnessparcours und Forstmeile, geführte Wanderungen, Themenwanderungen, Nachtwanderungen zur Wildtierbeobachtung, Erwerb der Wandernadel, Hüttenalmnachmittage, Kinder-Streichelzoo, Leihbücherei.

Wanderungen und Bergtouren

- Auf den Kalvarienberg: 15 Min., schöner Blick über Steinach und Umgebung;
- Rundgang: auf leicht ansteigendem Weg zum St.-Ursula-Kirchlein in Mauern: ½ Std., schöne Aussicht aufs Gschnitztal und auf die Serles, weiter auf ebenem Waldweg nach Tienzens, hinunter nach Puig und der Sill entlang zurück nach Steinach: insgesamt 2 Std.;
- zum waldigen Jubiläumspark mit zahlreichen Bänken: 20 Min.;
- über den Kurpark, steil ansteigend, nach Plon: 20 Min.;
- Rundweg von Steinach über Mauern und den fast ebenen Höhenweg zur Lourdeskapelle und zurück: 2 Std.;
- durch das romantische, schluchtartige Padastertal auf teilweise steilem Weg dem Wildbach entlang zur Padasteralm, 1690 m: 2 Std.;
- über die Velperquelle, Nößlach, Gries nach Vinaders, schöne Hochplateau-Wanderung mit Gletscherrundblick: 3 Std.;
- auf dem Forstweg nach Navis: 2 Std.;
- über Gschwendt auf dem Waldweg nach Trins: 1 Std.;
- mit der Gondelbahn auf die Bergeralm, 1550 m (zu Fuß 75 Min.) und weiter zur Bergstation, 2005 m (nahe der Nößlachhütte, 2025 m), von dort in 45 Min. auf das Steinacher Jöchl (= Nößlachjoch), 2231 m;

Das Nößlachjoch ist Ausgangspunkt zahlreicher Höhenwanderungen. Genußvoll ist die Wanderung vom Nößlachjoch über das Eggerjoch (2282 m) zum Lichtsee, einem der höchstgelegenen Bergseen Tirols;

- über die Pflutschwiesen und den Hablerberg auf den wegen seiner reichen Flora und herrlichen Fernsicht berühmten Blaser; 2244 m: 4 Std.;
- auf den Bendelstein, großartiger Rundblick: 4 Std.

Winter: Die Steinacher, die schon im vorigen Jahrhundert zu den Pionieren des Tiroler Fremdenverkehrs zählten, trachteten nach dem Krieg, für den schneesicheren Ort auch eine Wintersaison aufzubauen. Das erreichte man vor allem mit dem Bau der Sessellifte auf die 1550 m hohe Bergeralm und weiter zur Bergstation (2100 m). Schließlich wurden mit dem Hochsonn-Schlepplift die Nößlacher Mähder, ein baumfreies Gelände mit prächtigem Blick auf die Zillertaler Alpen, das bei Tourenfahrern schon lange beliebt war, erschlossen. 1 Gondelbahn, 2 Sessellifte, 2 Schlepplifte (25 Pistenkilometer), Nachtskilauf, 42 km Langlaufloipen (Steinach – Trins – Gschnitz und zurück; Höhenloipe: Bergeralm – Gerichtsherrnalm – Trunaalm und zurück), Eislaufen, Eisstockschießen, Rodeln, Pferdeschlittenfahrten, 25 km geräumte Wanderwege. Austragungsort von Weltcuprennen.

Auskunft: A-6150 Steinach, Tourismusverband Wipptal
Tel.: 05272/6270, Fax: 05272/2110, Internet: http://www.wippregio.at, E-mail: tourismus@wippregio.at
Schnellzugstation: Steinach, Busverbindungen nach Innsbruck, Brenner, Gschnitz, Obernberg und Schmirn, Vals.

Das Gschnitztal

In Steinach öffnet sich nach Südwesten das sonnige Gschnitztal, das den kürzesten Zugang ins Herz der eisgepanzerten Stubaier Alpen ermöglicht. Mit einer Maximalsteigung von 11 Prozent führt die Gschnitztal-Landesstraße zunächst unter der eindrucksvollen, 700 m langen Autobahnbrücke hindurch über Trins (4,5 km) nach Gschnitz (11,5 km), das nahe dem hochalpinen Talschluß liegt. Westlich von Gschnitz zweigt nach Süden eines der schönsten Täler Tirols, das wildromantische *Sandestal*, ab und führt ins sagenumwobene dolomitenähnliche Felsenreich der drei mächtigen Tribulaune. Die letzte Dauersiedlung des Gschnitztales, die heutige *Laponesalm* (1487 m), mußte nach einer Klimaverschlechterung um das Jahr 1400 aufgegeben werden.

Das Gschnitztal wird schon seit Jahrzehnten als Eldorado der zünftigen Bergsteiger und Kletterer geschätzt. Da locken unter anderem der blumenreiche *Blaser*, das wegen seiner Flora und der Felsformationen interessante *Kirchdach*, die *Kesselspitze* und der lange Zeit für unbezwingbar gehaltene *Tribulaun* sowie der gewaltige *Habicht*. Geeignete Stützpunkte für schöne

Habicht gegen Zillertaler Alpen

Wanderungen oder extreme Touren sind die Naturfreundehäuser Tribulaun- und Padaster-Joch-Hütte sowie die AV-Schutzhütten Innsbrucker und Bremer Hütte. Seit 1949 stehen Teile des Gschnitztales unter *Naturschutz.*

Schon der Tiroler Dichtergeologe Adolf Pichler (1819 – 1900) pries die vielgestaltige Schönheit des Tales: „Das Eigentümliche des Panoramas liegt in den gewaltigen Felskulissen zu beiden Seiten, während den Hintergrund große Gletscher abschließen. Die Mannigfaltigkeit der Formen entsteht durch die Verschiedenheit der Gesteine. Die prallen Kalkwände schmückt kaum ein schmales Grasband, indes der Schwarzfels, der ihnen als Unterlage dient, üppige Wälder und Almen nährt. Rechts erhebt sich über all den Eiskuppen der Habicht, dem an Schönheit kaum ein Berg zu vergleichen sein dürfte!"

Die geologischen Formationen der teils aus Kalk-, teils aus Urgestein aufgebauten Berge bilden einen reizvollen Gegensatz; dazu kommen noch die unterschiedlichen Flur- und Siedlungsformen. Während für *Trins* die enge, zusammengeschachtelte rätoromanische Bauweise kennzeichnend ist, liegen die Mittertennhöfe von *Gschnitz*, so wie es der bajuwarischen Siedlungsweise entspricht, weit verstreut. Die Verschiedenheit der Bevölkerung – die Trinser waren hauptsächlich Knappen, die Gschnitzer Bauern – führte in der Vergangenheit mitunter zu argen Zwistigkeiten. Einmal sperrten die Trinser den Gschnitzern den Talweg ab, sodaß der Steinacher Richter hart durchgreifen und den Streit durch seinen Richtspruch beenden mußte.

Weit über die Grenzen des Landes hinaus ist das Gschnitztal bei Botanikern als *Blumenparadies* bekannt. So gilt der *Blaser* (2241 m), der Hausberg von Trins, als der artenreichste Blumenberg Tirols. Wohl nirgends im Lande blühen so viele Edelweiß wie hier. Die Vielfalt der Flora ist durch die geologische Verschiedenheit der Gesteine begründet; denn es gibt Blumen, die nur auf Urgestein und andere, die nur auf Kalkböden gedeihen. Wo beide Gesteinsarten zusammenstoßen, wie dies im Gschnitztal z.B. am Padaster, im Gebiet um die Innsbrucker Hütte am Fuße des Kirchdachs, am Hochtor oder am Filzeck oberhalb der Trunahütte der Fall ist, entwickeln sich auch bunte Bastarde, die ansonsten in den Alpen unbekannt sind. Dieter von Wettstein schildert in seiner Geschichte der Gartenaurikel, wie 1575 der Wiener Arzt Aichholz einen solchen Bastard aus dem Gschnitztal in seinen Garten nach Wien verpflanzte. Von dort wurde dieser von einem Botaniker nach Flandern gesandt, wo man damit zahlreiche bunte Gartenaurikeln züchtete. Im Jahre 1799 gab es im Handel bereits 144 verschiedene Sorten, die von der Tiroler Bergblume abstammten.

Auf den felsdurchsetzten Hängen wächst das Edelweiß, die begehrteste und schönste Blume der Alpen, in ihrer Nähe gedeiht häufig die Edelraute. Der Bergsteiger findet u.a. goldgelbe Platenigl, rotbraune, herrlich duftende

Kohlröslein (Brunellen), Alpenrosen, die von den Talbewohnern „Donnerblumen" genannt werden, zahlreiche Enzianarten, den Alpenmohn, die von der Volksmedizin geschätzte leuchtendgelbe Arnika, das Bergknabenkraut, Alpenklee, die geheimnisvolle Teufelskralle, Feuerlilien und die Küchenschelle. Dr. Holzmann, der beste Schilderer des Wipptales, berichtet, daß früher Wilderer die Bleikugeln mit dem giftigen Saft der Küchenschelle benetzten. Hoch droben wächst der bittere Gemskreß, auf den höchsten Gipfeln gedeiht noch der Gletscherhahnenfuß. Die würzigen, starkduftenden Alpengräser Marbel und Mataun werden von den Gemsen besonders geschätzt.

An Wildtieren gibt es u.a. Feld- und Berghasen, Fuchs und Dachs, Iltis, Wiesel, Steinmarder, Hirsch, Reh und Gemse. Ein schriller Pfiff, der in den Hochtälern ertönt, zeigt an, daß man sich dem Revier der possierlichen Murmeltiere nähert. Schneehühner und Jochdohlen beleben die Bergtäler, unterhalb des Kirchdachs horstet der seltene Adler, der König der Berge. Früher hausten auch Bären und Luchse im Tal. Der letzte Bär wurde 1875 in der Nähe der Alm Martoar bei Gschnitz erlegt.

Trins

1233 m Seehöhe, 1.180 Einwohner

Das enggebaute rätoromanische Haufendorf liegt am sonnigen Südfuß des wegen seiner Blumenpracht berühmten Blasers. Es ist der größte Ort in dem von Lärchen- und Fichtenwäldern umsäumten Gschnitztal. Trins war ursprünglich kein Bauerndorf, sondern eine alte Knappensiedlung, in der die Bergleute in ihren bescheidenen Häusern eng beisammen wohnten. Im Antimongraben am Eingang des Trunatales schürfte man nach Antimon, Kupfer und Blei. Erst als der Bergsegen erlosch, begann die Landwirtschaft das Ortsbild zu prägen. Von den rund 40 landwirtschaftlichen Betrieben sind 5 Vollerwerbsbauern. Zum Gemeindegebiet gehören die Fraktionen *Dorf, Leite, Bichl, Brücke, Galtschein, Greite, Rauth und Pirchet.* Das besiedelte Gebiet liegt zwischen 1200 und 1300 m; dazu kommen noch die Almen Martoar, Truna, Hinterennes und Valschwern. Der höchstgelegene Punkt ist die 2728 m hohe Kesselspitze.

Gschnitztal, Trins

Westlich von Trins quert der mächtige Wall einer *Endmoräne*, die vom Gschnitzbach in einer engen Furche geteilt wird, das Tal. Dieser Rest einer alten Stirnmoräne ermöglichte den Forschern wichtige erdgeschichtliche Erkenntnisse und veranlaßte Prof. Raimund von Klebelsberg, für einen späteiszeitlichen Gletschervorstoß den Ausdruck „Gschnitztalstadium" zu prägen.

Südwestlich der Annakapelle hat sich in einem Toteisloch ein schönes Wiesenseggenmoor entwickelt, das laut österreichischem Moorschutzkatalog von nationaler Bedeutung ist. Die Einheimischen nennen den Platz den „Krotenweiher".

Geschichte

Der Ortsname Trins, der um 1040 in seiner ersten urkundlichen Nennung als „Truna" aufscheint, ist ebenso wie „Trunaalm" und „Trunajoch" aus einer prähistorischen Sprachwurzel abzuleiten. Die Trinser Kirche wird erstmals 1359 genannt. Seit 1811 ist Trins eine selbständige politische Gemeinde. 1611 wütete die Pest, 1858 zerstörte ein Großbrand das Dorf, 1927 richtete das Hochwasser großen Schaden an. 1944, 1951 und 1984 wurde Trins von schweren Lawinenabgängen heimgesucht.

Die reiche Alpenflora in der Gegend des Dorfes hat immer wieder hervorragende Botaniker veranlaßt, sich während des Sommers in Trins niederzulassen. Westlich des Schlosses Schneeberg baute sich mitten im Lärchenwald der international anerkannte Botaniker *Kerner von Marilaun* eine schöne Villa. 1870 legte er am Blaser in 2095 m Höhe ein Alpinum an, das inzwischen wieder aktiviert wurde. Auch sein Schwiegersohn *Richard Wettstein Ritter von Westersheim und dessen Sohn Fritz*, ebenfalls berühmte Botaniker, verbrachten ihre Sommerferien in Trins.

1969 entdeckte der bekannte Regisseur James Clavell die Gegend um Trins als idealen Drehort für den Film „Das vergessene Tal", der im Dreißigjährigen Krieg spielt. Dabei wirkten weltberühmte Stars wie Michael Caine, Omar Sharif und Per Oscarsson mit.

Alljährlich findet im Dorf das „Internationale Hirten- und Sennenforum" statt, das Tausende von Besuchern anzieht.

Sehenswürdigkeiten

Die dem hl. Georg, dem früheren ritterlichen Landespatron Tirols, geweihte *Pfarrkirche* wurde 1494 hoch über dem Tal in gotischem Stil errichtet und 1835 nochmals umgebaut und erweitert. Aus der Zeit um 1500 stammt das Holzrelief über dem Portal, das den Drachentöter Georg, flankiert von zwei schildtragenden Rittern, darstellt. Aus derselben Zeit sind an der Südwand Reste eines Christopherusfreskos erhalten geblieben. Anton Kirchebner malte 1755 die Deckenfresken (die hl. Maria Magdalena erhält von Lazarus die Kommunion, Martyrium des hl. Georg, hl. Georg als Patron von Trins, Schutzengel). Das Hochaltarblatt zu Ehren des Kirchenpatrons wird Josef Schöpf zugeschrieben. Am rechten Seitenaltar ist die Anbetung der Heiligen Drei Könige dargestellt. Das wertvollste Schmuckstück der Kirche ist die liebliche spätgotische Marienstatue am linken Seitenaltar. An der Empore hängt ein schönes schmiedeeisernes Rokokokreuz. Im spitzen, 36 m hohen Turm befindet sich eine der weit über die Landesgrenzen hinaus bekannten Löfflerglocken (1522), die „Zwölferin".

Im stimmungsvollen *Friedhof* von Trins liegen mehrere berühmte Männer begraben. 1944 kam der Essayist und Lyriker Rudolf Borchardt (1877 - 1945) auf seiner Flucht vor der Gestapo in das entlegene Dorf, starb jedoch schon wenige Monate später eines plötzlichen Todes. Besonderer Wertschätzung bei den Ortsbewohnern erfreute sich der in Trins ansässig gewordene, international anerkannte Strafrechtler und mehrmalige Dekan sowie Rektor der Innsbrucker Universität, DDr. Theodor Rittler, Verfasser eines berühmten Lehrbuches des österreichischen Strafrechtes.

Südwestlich des Dorfes erhebt sich auf dem von Lärchen umstandenen Moränenwall *Schloß Schneeberg*. Von der ehemaligen Burg, die Lazarus von Vellenberg wahrscheinlich vor 1300 erbaute, stehen nur mehr Teile der einst weitläufigen Wehrmauer und zwei Rundtürme aus der Zeit um 1560. Von einem dritten Turm sind noch Spuren zu erkennen.

1506 schenkte Kaiser Maximilian seinem Geheimschreiber und Hofpoeten Marx Treytzsaurwein, von dem er sagte, er könne ihn „in khain weg nit entpern", Schneeberg. Treytzsaurwein war Mitverfasser dreier poetischer Werke, des „Triumphzuges", des „Weißkunigs" und des „Theuerdanks", die alle dazu dienten, den ritterlichen Kaiser zu verherrlichen. 1771 vernichtete ein verheerender Brand das im 16. Jh. zum wohnlichen Schloß umgebaute Schneeberg. Die Grafen Sarnthein, die 1778 das abgebrannte Schloß erwarben, bauten zwei frühere Wirtschaftsgebäude zu einem behaglichen Ansitz aus.

Schneeberg birgt u.a. eine getäfelte Stube, einige klassizistische Öfen, ein reich verziertes Holzepitaph mit einem prachtvollen Sarntheinischen Wappen sowie ein auf Holz gemaltes Dreikönigsbild vom Haller Maler Josef Ritterl aus der Zeit um 1600.

Die Tiroler verehren sowohl den hl. Antonius den Eremiten als einen der Schutzpatrone der Haustiere ("Facken-Toni") als auch den *hl. Antonius von Padua*, der, weil er mit dem Jesusknaben abgebildet ist, liebevoll als „Kindl-Toni" bezeichnet wird. Diesen Heiligen rufen sie an, damit er helfen möge, verlorengegangene Gegenstände wiederzufinden. Dem „Kindl-Toni" ist die *Kapelle* an der östlichen Ortseinfahrt geweiht. Zu ihr pilgern angeblich auch heute noch ledige Mädchen, um sich einen braven Mann zu erbitten. Sie birgt unter anderem eine roh geschnitzte bäuerliche Christophorusstatue.

Herbert Rieger schmückte das Gemeindehaus mit einem Relief (1967). Es nimmt Bezug auf das Ältestenrecht, wie es in Trins laut einer Urkunde aus dem Jahre 1410 geübt wurde.

Freizeitmöglichkeiten

Das in einer der blumenreichsten alpinen Berggegenden gelegene „Familiendorf" ist der ideale Ferienort für den Naturfreund. Folgende Freizeiteinrichtungen stehen dem Gast zur Verfügung: Hallenbad, Sauna, Reiten, Inlineskater-, Volleyball-, Basketball-, Fußball- und Kinderspielplatz, Kinderclub „Wuschl", Kräutergarten, Stockschießen, Kutschenfahrten, Fahrradverleih, Radwander- und Bergradlerwege, organisierte Wandertage, Erwerb der Wandernadel, Basteln mit Naturmaterialien, Brauchtums- und Volksmusikabende, Natur-Kreativ-Tage im Juni.

Wanderungen und Bergtouren

- Waldweg über die Barbarakapelle, die an die Bergwerkstradition des Dorfes erinnert, zum Wasserfall des Padasterbaches: 3/4 Std.;
- über die Talstation des Bergeralmliftes nach Steinach: 1 Std.;
- auf fast ebenem Wiesenweg nach Gschnitz: 1 1/2 Std.;
- zur Wallfahrtskirche St. Magdalena, 1661 m: 2 Std.;
- auf dem Trinser Steig über den Pflutschboden und die Siebenbrunnenquelle nach Maria Waldrast (1641 m): 2 1/2 Std.;
- über die blumenübersäten Padastermähder zur Naturfreunde- oder Padaster-Joch-Hütte (2218 m): 2 1/2 Std., Fernblick zu den Zillertaler Alpen,

zu den Dolomiten und den Tribulaunen. Die Hütte ist der günstigste Stützpunkt für die Besteigung der Kirchdach-, Hammer- und Schneiderspitze und der Wasenwand;

- über die Platzer Mähder, die zu den schönsten Bergwiesen Tirols zählen, zu der im Sommer bewirtschafteten Blaserhütte (2176 m): 3 Std., in einer weiteren 1/4 Std. erreicht man den Gipfel des Blasers (2241 m), herrlich ist die Blumenpracht, wohl nirgends blühen so viele Edelweiß, großartig ist die Aussicht;
- über die Trunahütte (1722 m) und Trunaalm auf das Trunajoch (2153 m): 3 Std., in einer weiteren 1/4 Std. zum Lichtsee.

Winter: 2 Schischulen, 1 Schlepplift mit Flutlichtanlage, Österreichs einziger Lift zum Mieten, Langlaufloipe (28 km), Eislaufplatz, Sportplatz, 1 Rodelbahn, Pferdeschlittenfahrten, geräumte Wege (35 km), Waldadvent im Dezember.

Auskunft: A-6152 Trins, Tourismusverband.
Tel.: 05275/5337, Fax: 05275/5472, Internet: http://www.trins.at, E-Mail: tourismus@wippregio.at
Schnellzugbahnstation: Steinach (4,5 km), Busverbindung.

St. Magdalena

Zwischen Trins und Gschnitz erhebt sich 400 m über dem Talboden auf einem steilen, bewachsenen Felsenhang das *Wallfahrtskirchlein St. Magdalena mit einer angebauten ehemaligen Einsiedelei* (1661 m). Keine andere Wallfahrt und keine Kirche im Wipptal liegt so reizvoll und romantisch wie dieses Kleinod im Gschnitztal. Von hier aus bietet sich einer der großartigsten Rundblicke Nordtirols. Gegenüber türmt sich der zackige Serleskamm von der Waldrasterspitze (Serles) bis zum gletscherbedeckten Habicht. Auf grünem Talgrund am Fuße der dolomitenartigen Roblerwand, eines Vorgipfels des Kirchdaches, breitet sich die Streusiedlung Gschnitz mit behäbigen, zum Teil noch freskengeschmückten Höfen aus. Im weiter talaus liegenden Trins, das rätoromanischen Ursprungs ist und vom vorderen Tal durch die mächtigste Stirnmoräne Tirols getrennt wird, drängen sich die Häuser des alten Dorfkernes eng aneinander.

Der Ursprung des Bergheiligtums von St. Magdalena liegt im Dunkel der Vergangenheit. Die geheimnisvolle Wallfahrtsstätte wurde 1307 erstmals urkundlich erwähnt, doch vermutet man dort schon eine vorchristliche Kultstätte. Über die Entstehung der Wallfahrt gibt es mehrere *Legenden.* So soll sich einst der Überlieferung nach ein aus dem Süden gekommener Edelmann zur Verbüßung seiner Sünden als Einsiedler niedergelassen haben. Ein kunstvoll geschnitztes Bildnis der hl. Magdalena, das der Ritter an dieser Stelle fand, betrachtete er als Fingerzeig von oben, so daß er sich entschloß, nicht im Tal, sondern auf dem schmalen Felsgrat das Kirchlein zu Ehren der heiligen Magdalena zu errichten.

Um die Gestalt der hl. Büßerin Maria Magdalena ranken sich mehrere Legenden. Aus der Heiligen Schrift sind einige Berichte über Frauen bekannt, die später zu einer einzigen Heiligen zusammengefaßt wurden: die reuige Sünderin, die während des Mahles im Hause des Pharisäers Simon mit ihren Tränen die Füße des Heilandes wusch und mit ihren Haaren trocknete, Maria, die Schwester Marthas und des Lazarus aus Bethanien, Maria Magdalena, aus der Jesus sieben böse Geister austrieb, und Maria Magdalena, der Jesus nach der Auferstehung als erster erschien.

Bis zum Jahre 1787, als die Wallfahrtsstätte durch Josef II. aufgelassen wurde, war sie durch etwa 500 Jahre das Ziel frommer Bittgänger aus den umliegenden Tälern. Auch Landesfürsten verehrten und beschenkten das Heiligtum. Nach dem Tod Josefs II. blühte die Wallfahrt erneut auf. Bewohner aus den entfernten Orten Patsch und Ellbögen hielten bis 1938 alljährlich Bittgänge um eine gute Ernte ab.

Das heutige Gotteshaus stammt aus dem 15. Jahrhundert, doch weisen die zwischen 1960 und 1972 restaurierten romanischen und gotischen Fresken auf einen älteren Baubestand hin. *Die romanischen Fresken aus der Zeit um 1200 zählen zu den ältesten Wandmalereien Tirols* und stellen an der Südwand Adam und Eva sowie die Flucht nach Ägypten dar. An der Westwand ist eine Heilige in Gebetsstellung, vermutlich die hl. Magdalena, zu sehen. Ein weiterer, aus dem 15. Jahrhundert stammender Bildzyklus an der Nordwand zeigt drei Szenen aus dem Leben der Heiligen. Sie soll der Legende nach mit ihren Geschwistern Maria und Lazarus über das Meer gekommen sein und 30 Jahre lang in einer Höhle in der Provence (Südfrankreich) gelebt haben. Den szenischen Rahmen bildet Marseille, wo Lazarus Bischof gewesen sein soll. Auf dem Bild links kniet die Heilige zu Füßen des Heilands, neben ihr steht Simon. Die zweite Szene zeigt die verklärte Heilige über dem Hafen von Marseille schwebend; bekleidet ist sie mit ihren bis zu den Füßen fallenden Haaren. Auf dem letzten Bild spendet ihr Lazarus die Kommunion. Die Statue der liegenden Magdalena in einer Nische der Nordwand stammt aus der ersten Hälfte des 19. Jahrhunderts. Der Bildhauer Hans Pontiller aus Innsbruck schuf das beeindruckende Holzkreuz mit der Heiligen (1958). Die äußere Wand des Kirchleins schmückt ein Fresko mit der Kirchenpatronin und dem Stifterwappen der Tiroler Adelsfamilie der Schneeberger. Die hl. Magdalena gilt u.a. als Patronin der Provence, der Frauen, Büßer, Friseure und Parfümfabrikanten.

Die ehemalige Einsiedelei wird während der warmen Jahreszeit bewirtschaftet. Die Wanderung von Gschnitz zur Wallfahrtskirche dauert ca. 1½ Std.

Gschnitz

1242 m Seehöhe, 455 Einwohner

Nahezu ohne Steigung führt der Weg von Trins ins Talinnere. Breit und behäbig liegen weitverstreut an der Sonnenseite die schönen Einzelhöfe, deren oberer Teil häufig aus geschnitzten Stämmen besteht. Oft sind sie mit farbenfrohen Barockmalereien aus dem 18. Jahrhundert verziert. Etwa eine Gehstunde weit erstreckt sich, inmitten einer herrlichen Bergwelt gelegen, das besiedelte Gebiet der Gemeinde Gschnitz. Es besteht aus mehreren Einzelhöfen und den Weilern *Stauden, Pitzens* (Sitz der Gemeinde), *Lechen, Mitterhof, Gurns, Untertal und Obertal.* Dazu gehören u.a. auch die Almen Simming, Grübl, Pfanne und Alfair. Die Laponesalm war bis um 1400 eine Dauersiedlung. Stolz überragt der *Habicht* (3277 m), der höchste Berg des Gemeindegebietes, das Tal. Die Einheimischen nennen in Hoger. Nach einem alten Spruch galt er als einer der schönsten Berge in Tirol:

„Der Hoger in Gschnitz,
der Waldraster Spitz
und die Martinswand
sein die höchsten im Land."

Der sagenumwobene, berühmte Aussichtsberg wird in einer alten Chronik sogar mit dem Berg Sinai, auf dem die Zehn Gebote verkündet wurden, verglichen.

Gschnitztal, Novembermorgen

Geschichte

Der vielleicht von einer keltischen Sprachwurzel abgeleitete Ortsname „Gasnitz" wird erstmals 1288 urkundlich erwähnt, als hier bereits neun Schwaighöfe der Tiroler Landesfürsten bestanden; Schwaighöfe wurden seit dem 12. Jahrhundert planmäßig vom Landesherrn oder von Klöstern in höheren Lagen errichtet und waren ganz auf Viehzucht eingestellt, denn hier konnte kein Getreide mehr ausreifen. Aus diesen Schwaighöfen entwickelten sich später einzelne Weiler.

Kaiser Maximilian schätzte die Gegend als hervorragendes Gemsrevier. Seit 1811 ist Gschnitz eine selbständige politische Gemeinde.

Sehenswürdigkeiten

Bescheiden wirkt von außen die *Pfarrkirche zu Unseren Lieben Frau Maria Schnee*. Wer jedoch das 1755 von Franz de Paula Penz errichtete Gotteshaus betritt, ist überrascht von der Schönheit und Geschlossenheit des Innenraumes. Wie so oft ist es auch hier Pfarrer Penz gelungen, hervorragende Künstler für ein überaus harmonisches Gesamtwerk zu gewinnen. Und so wird die Kirche mit Recht als einer der reizvollsten Rokokobauten Tirols gerühmt. Leicht und graziös sind die in Weiß und Gold gehaltenen kecken Stukkaturen, welche Fensterrahmungen, Apostelkreuze und die farbenfrohen Fresken Anton Zollers aus Telfs umspielen. Neun kleine, liebliche Medaillons mit Einzelszenen aus dem Leben der Gottesmutter umgeben die pathetisch gehaltene Himmelfahrt Mariens im Deckengemälde. Über dem Hochaltar ist die Kommunion der hl. Magdalena abgebildet. Die drei Altarblätter stellen die Verehrung der Madonna der Basilika Santa Maria Maggiore in Rom, den hl. Aloisius und den hl. Antonius dar. Der Überlieferung nach soll das Antoniusbild von einem frommen Gschnitzer Bauern im Jahre 1742 nach Padua und dort mit dem Leib des hl. Antonius in Berührung gebracht worden sein. Von besonderer künstlerischer Qualität ist der plastische Schmuck an Altären, Kanzel und Beichtstühlen; er wird Meister Johann Perger aus Sterzing, dem Schöpfer des Steinacher Altars, zugeschrieben. Die Symbole der Evangelisten und der drei göttlichen Tugenden (Glaube, Hoffnung, Liebe) sowie eine Frauengestalt, welche die Kirche versinnbildlicht, schmücken die prächtige Kanzel.

Die Fresken (Auferstandener und Pietá) in der 1975 erbauten *Friedhofskapelle* an der östlichen Friedhofsmauer stammen vom Osttiroler Künstler Ossi Kollreider.

Im kleinen, unverfälschten Bergdorf gibt es eine große Zahl herrlicher freskengeschmückter *Bauernhöfe*, die schönsten sind der Prangerhof (Nr. 3), der Hanser (Nr.4, Fresko Heilige Familie von Josef Anton Zoller, 1772), der Salchnerhof (Nr. 14) und der Huisenhof (Nr. 27).

Freizeitmöglichkeiten

Gschnitz wurde wegen der großartigen Berglandschaft schon nach dem Ersten Weltkrieg gerne als Sommerfrische aufgesucht. Mannigfaltig sind die Möglichkeiten für den Naturfreund, dem etwa 200 km markierte Wanderwege zur Verfügung stehen, Hotel-Hallenbad, Radwanderwege, Kinderspielplatz.

Wanderungen und Bergtouren

- Nach St. Magdalena, dem kunsthistorisch interessanten Bergkirchleln (1661 m), herrliche Aussicht, Jausenstation: 1½ Std.;
- zum Berggasthof auf der Laponesalm (1487 m), reiche Blumenflora, prachtvolle Aussicht auf die Feuersteine: 1½ Std.;
- über den romantischen „Mühlenwasserfall" beim Gasthaus „Feuerstein" durchs schöne Sandestal und über die Valliser Alm (1664 m) zur Tribulaunhütte (2064 m), wunderschöne Aussicht beim Aufstieg: 2½ Std.;
- über Trins auf dem Wiesenweg nach Steinach: 3 Std.;
- über die Laponesalm zur Bremer Hütte (2413 m) am Gletscherrand des Simmingerferners und am Fuße der Wetterspitzen: 4 Std. Die Hütte ist ein geeigneter Stützpunkt für zahlreiche Gipfelbesteigungen und Hüttenwanderungen. Übergang zur Nürnberger Hütte: 3 Std.;
- zur Innsbrucker Hütte am Pinnisjoch (2369 m), etwas steiler Aufstieg: 3½ Std.; Gepäcktransport mit der Materialseilbahn möglich, herrlicher Stützpunkt für die Übergänge Gschnitz - Stubaital, Bremer Hütte - Simmingerjöchl - Nürnberger Hütte sowie für lohnende leichte und schwierige Klettertouren (Habicht, 3277 m, Kalkwand, Ilmspitzen), Bergführer auf der Hütte.

Im Winter stehen dem Gast zwei kleine Schlepplifte zur Verfügung; 22 km Langlaufloipen, Rodeln, Pferdeschlittenfahrten, 4 km geräumte Wanderwege.

Auskunft: A-6150 Gschnitz, Tourismusverband.
Tel.: 05272/6270, Fax: 05272/2110, Internet: http://www.wippregio.at, E-mail: tourismus@wippregio.at
Bahnstation: Steinach (12 km), Busverbindung.

Vals – St. Jodok

1271 m Seehöhe, 515 Einwohner

Etwa 30 km südlich von Innsbruck, zwischen Steinach und Gries, zweigt von der Brennerstraße bei der Ortschaft *Stafflach* (Gemeinde Steinach, 1260 als Zollstätte genannt) ostwärts der Weg nach St. Jodok ab. Munter und frisch eilt hier der Bach aus dem Valser Tal, der bei St. Jodok den wildschäumenden Schmirner Bach aufgenommen hat, der Sill entgegen. In einer großangelegten Schleife, die weit ins Tal bis hinter St. Jodok reicht und teilweise in einem technisch interessant angelegten Kehrtunnel verläuft, gewinnt hier die Brennerbahn an Höhe.

Das Gemeindegebiet von Vals umfaßt den Teil von St. Jodok, der östlich vom Schmirner Bach liegt, das bis zum Alpeiner Ferner am Tuxer Hauptkamm reichende, gleichmäßig breite und langsam ansteigende *Valser Tal* mit den Ortsteilen *Außervals und Innervals* sowie die Höfe am 1591 m hohen *Padauner Sattel* (St. Jodok ist somit keine eigene Gemeinde, die Häuser westlich vom Schmirner Bach gehören zur Gemeinde Schmirn, die östlich davon zu Vals). Der mit dem PKW erreichbare Padauner Sattel, auf dem einige der höchsten Bauernhöfe des Wipptales liegen, ist der Rest des ehemaligen Flußtales der Sill, die später einen anderen Lauf genommen hat. Die Bäche des heutigen Schmirn- und Valser Tales haben sich erst viel später tiefer eingegraben.

Umrahmt wird der weite, schöne Talschluß des Valser Tales von den Nordabstürzen des Kraxentragers, der Hochwand, der Sägwand und des Schrammacher, des Feuersteins (Fußstein) und des mächtigen Olperers, die mit ihren schwarzen, von Eis und Schnee durchzogenen Felsen einen großartigen Einblick in die Hochgebirgslandschaft gewähren. Von der Bloderalm (1572 m), die man von Innervals aus erreicht, streicht eine Ader aus blauem und weißem Marmor gegen das Venntal hinüber. Heute sind der einstmals wichtige Marmorbruch und die Steinsäge aufgelassen. Hier wurden die Bodenplatten für die Kirche von St. Jodok, für den Dom zu St. Jakob und die Räume der Hofburg in Innsbruck gebrochen.

Geschichte

Ursprünglich diente das Valser Tal den rätischen Bauern von Mauern bei Steinach als Alm- und Weidegebiet; sie nannten es kurzerhand „vallis", was im Romanischen soviel wie Tal bedeutet. Daraus entstand allmählich die Bezeichnung „Vals". Aus den Almen entwickelten sich im Laufe der Jahrhunderte die Valser Bergbauernhöfe. Sie sind immer wieder von Felssturz und Steinschlag, von Wildwasser und Muren sowie von Staub- und Grundlawinen bedroht. So wurden die Felder in „Eben" im innersten Talschluß durch eine verheerende Naturkatastrophe, wahrscheinlich durch einen Gletscherbruch, verwüstet. Zu den ältesten Höfen gehören das Gasthaus „Zum Lamm", dessen Geschichte sich bis zum Jahre 1300 zurückverfolgen läßt, und der Jorlerhof, der bereits 1303 erwähnt wird.

Zahlreiche Sagen ranken sich um den bärenstarken, historisch belegten riesengroßen *Gallus Gogl*, der am Alberhof (Vals 14) aufwuchs. Er kämpfte mit 200 Wipptalern als freiwilliger Landsknecht während des Dreißigjährigen Krieges für seinen Landesfürsten Erzherzog Leopold V., dessen Reiterdenkmal vor dem Tiroler Landestheater in Innsbruck steht. Bei Kämpfen im Engadin und im Prätigau erschlug er einen berüchtigten Schweizer Riesen und hängte die mächtige eiserne Türe der Schweizer Verteidigungsanlage aus, um die Feinde angreifen zu können. 1631 kehrte er mit nur sechs übriggebliebenen Wipptalern mit einer erbeuteten schweizerischen Gerichtsfahne in seine Valser Heimat zurück.

Vor der Tür des „Zuhäusls" des Oberhofes liegt ein mächtiger länglicher Stein mit einigen Löchern, der von den Bauern beim Dengeln verwendet wurde. Gallus Gogl soll ihn von der anderen Talseite herübergetragen haben.

1809 stellten die Bayern, die das Wipptal besetzt hielten, beim Gasthaus „Lamm" ein Spottbild Andreas Hofers auf. Franz Denifle, der damalige Lehrer von St. Jodok, vernichtete die Spottfigur und wurde als Held gefeiert. Dr. Hermann Holzmann, der beste Kenner und Schilderer des Wipptales, berichtet vom hohen Blutzoll, den die Valser im Ersten Weltkrieg entrichten mußten. Er führt die Familie Steckholzer an, die am Padauner Sattel beheimatet war. „Alle acht Brüder sind 1914 eingerückt. Fünf von ihnen sind bei den ersten Stürmen in Galizien als Kaiserjäger gefallen, einer starb nach schwerer Verwundung, nur zwei haben die Heimat wiedergesehen."

Während des Zweiten Weltkrieges wurde an der Alpeiner Scharte am Fuße des Fuirsteins (Fußstein) nach Molybdän geschürft. In 3000 m Höhe errichtete man Baracken und Gerätehallen. In Valseben standen die Aufbereitungsanlagen. Eine kühn angelegte Seilbahn führte hinauf zu den tiefen Stollen. Da das Bergwerk nur geringen Ertrag brachte und sich im November 1944 ein schweres Lawinenunglück ereignete, wurde es aufgelassen. Die vielen Kriegsgefangenen und die aus ihrer Heimat verschleppten Fremdarbeiter, welche im Bergbau und unter den Lawinen ihr Leben lassen mußten, fanden in einem eigens dafür angelegten Friedhof in Valseben ihre Ruhestätte.

Im Gemeindewappen wird das Hochtal Vals durch eine gestürzte Spitze symbolisiert, die wie ein „V" in den oberen Teil des Schildes ragt. Aus ihr aber leuchtet die goldene Krone, das Zeichen des hl. Jodok, des bretonischen Königssohnes, der um das Jahr 640 auf die Krone verzichtet und in einem den inneren Werten gewidmeten Leben in der Einsamkeit seine Erfüllung gefunden hat.

Sehenswürdigkeiten

Die 1425 erbaute, ursprünglich gotische *Pfarrkirche* ist dem *hl. Jodok*, den man früher Jobst nannte, einem Patron der Pilger und Wanderer, geweiht. Denn früher zog hier der Waren- und Personenverkehr vorbei, der durch das Schmirntal über das Tuxer Joch ins Zillertal bzw. über den Padauner Sattel zum Brenner ging. 1783/84 wurde die Kirche erweitert und barockisiert. Die Kuppelfresken malte 1784 Josef Schmutzer (der heilige Jodok weist die Krone Bretoniens zurück, Jodok liest die hl. Messe); von ihm stammen auch die Bilder des Hochaltars (der hl. Jodok und der Bauernheilige Isidor verehren die

Valsertal: Kellerkapelle gegen Olperer

Gottesmutter) und des linken Seitenaltars (hl. Josef). Schön sind die Rokokoaltäre, die Stukkaturen und die reichgeschnitzte Kanzel. Nach dem Zweiten Weltkrieg erhielt die Kirche acht moderne Fenster aus der Tiroler Glasmalereianstalt Innsbruck; sie wurde 1990 gelungen restauriert. Der heimische Bildhauer Roman Hörtnagl gestaltete das *Kriegerdenkmal* (1930), kunstvoll ist auch der Dorfbrunnen mit einem hl. Florian.

An der Landesstraße in Innervals steht in prachtvoller landschaftlicher Umgebung die barocke *Kellerkapelle*. Die *Kapelle „Zum blinden Herrgott"* am Padauner Sattel birgt einen gekreuzigten Heiland, dessen Augen geschlossen sind. Das Kreuz wurde von einem blinden Künstler geschnitzt. Als der Weg über den Sattel noch stark begangen wurde, pilgerten zahlreiche Augenleidende hierher. In der Kapelle wurden Votivgaben und Devotionalien, die bis nach Spanien weisen, geborgen.

Rund um den seit 1313 bestehenden, etwa 1570 m hoch gelegenen Steckholzer Hof am Padauner Sattel schlängelt sich 3 km lang ein besonders schöner, aus Lärchen- und Fichtenholz errichteter Schrägzaun. Er gilt, da er der längste Schrägzaun der Alpen ist, als eine besondere Rarität. Bemerkenswert ist, daß ein solcher ohne Nägel und Drähte errichteter Zaun bei guter Instandhaltung eine Lebensdauer von etwa 50 Jahren hat.

Der alte, unverfälscht gebliebene *Portnerhof* wurde im Höfemuseum in Kramsach aufgestellt.

Um die Ursprünglichkeit der einmalig schönen Landschaft und die interessante Flora des Valser Tales auch für die Nachwelt zu erhalten, ist das Hochtal seit 1941 *Naturschutzgebiet*. Es wurde als „Natura 2000 Gebiet" nach Brüssel gemeldet, wobei geplant ist, es talauswärts zu erweitern.

Ein prachtvolles Naturdenkmal ist der etwa 60 m hohe *Zeisch-Wasserfall* im hintersten Valser Tal unter der mächtigen Nordflanke des Kraxentragers (vom Gasthof „Touristenrast" über die Nockeralm: 1 Std.).

Freizeitmöglichkeiten

Die unberührte Naturlandschaft des Gemeindegebietes von Vals und Schmirn lädt zu zahlreichen Wander- und Bergtourenmöglichkeiten ein. Im Winter ist Vals Ausgangspunkt zahlreicher Schitouren. Touristisch wird Vals vom Tourismusverband Wipptal betreut.

Schmirn

1422 m Seehöhe, 900 Einwohner

Bei St. Jodok mündet vom Osten her das etwa 12 km lange Schmirntal, das zur Gänze zum weitausgedehnten Gemeindegebiet von Schmirn gehört. Über eine Steilstufe mit Dämmen und Wehren stürzt der wilde Schmirner Bach herunter und vereinigt sich unmittelbar neben der Kirche von St. Jodok mit dem Valser Bach. Alle Häuser von St. Jodok, die östlich vom Schmirner Bach liegen („Schmirner Leite"), gehören zur Gemeinde Schmirn. Der westlich vom Bach liegende Ortsteil mit der Pfarrkirche gehört zur Gemeinde Vals. St. Jodok selbst ist keine eigene Gemeinde. Die Pfarre heißt St. Jodok; sie umfaßt die Gemeinde Vals und die Schmirner Leite.

Bis zum Jahre 1972 führte der einzige Weg in das herrliche hochgelegene Schmirntal durch eine steile, romantische, vom Schmirner Bach durchbrauste Schlucht. Die Höchststeigung der dem Autoverkehr erschlossenen Bergstraße betrug 28 Prozent; sie ist heute für jeden Verkehr gesperrt. Die gutausgebaute neue Straße führt bei einer Maximalsteigung von 12 Prozent über die nunmehr erschlossenen Höfe im Lorleswald ins Tal hinein. Nach dem Scheitelpunkt der Straße befindet sich auf einem Rastplatz die moderne *Kapelle „Madonna zur Hohen Warte"* mit einem Fresko der Heiligen Familie und einem Bildstock mit Fresken von Walter Honeder; sie zeigen die Muttergottes, den hl. Christophorus und schließlich den hl. Felix, dessen Reliquien sich in der Schmirner Pfarrkirche befinden. Bald danach mündet von links die alte Straße ein. Von dieser führt ein schmaler, staubfreier Weg zum sagenumwobenen *Hochgeneinerhof* (1639 m), dem höchsten ganzjährig bewirtschafteten Hof des Wipptales.

Die Talstraße führt über Schmirn, Innerschmirn, Toldern und Kasern bis zum Kaserer Winkl (14 km von St. Jodok). Hier beginnt der Aufstieg zum *Tuxer Joch* (2338 m), dem uralten Übergang ins Zillertal. Das jenseits des Joches gelegene, etwa vier Gehstunden vom Schmirner Gemeindezentrum entfernte *Hintertux* war bis zum Jahre 1926 eine Fraktion der Gemeinde Schmirn. Viele Jahrhunderte hindurch hatten die Hintertuxer ihre Begräbnisstätte in Mauern oberhalb von Steinach; im Friedhof der St.-Ursula-Kirche in Mauern befinden sich noch einige alte „Tuxer Kreuze". Lang und mühevoll war der Weg, den sie mit den Toten über das wegen des raschen Nebeleinfalls berüchtigte Tuxer Joch nahmen. Oft mußte die „Fruitschaft" (Verwandtschaft) monatelang warten, bis im Frühjahr der Steig über das Joch ausgeapert war. Inzwischen lagen die Leichen der Verstorbenen gefroren auf dem Dachboden der

Bauernhöfe in Schmirn

Höfe. Beim „Steckholzer" in Obern gab es eine heute noch bestehende Totenkammer, wo die Verstorbenen über Nacht aufgebahrt wurden, bis man am zweiten Tag den Weg ins Wipptal fortsetzte.

Das schmale Tal steigt in drei Stufen zum Talschluß an, steil sind die Berghänge, der eine ist feucht und mit dunklem Fichtenwald bestanden, der andere sonnenbeschienen und trägt die Äcker (Kartoffeln, Gerste, Hafer) und die meist steilen Wiesen. Über den lichten Lärchenwäldern breiten sich die Hochmähder und die Almen aus. Im Hintergrund glänzt neben dunklen Felswänden das ewige Eis der Gletscher. Hart und einfach ist hier das Leben der Bergbauern, denn karg sind die Talböden, und der Ackergrund ist rar. Die nur wenige Hektar großen Höfe gewannen bis vor kurzem drei Viertel des Heubedarfes von den Bergmähdern. Die Bauern mähten hier die steilsten Wiesenhänge. Um nicht abzurutschen, trugen sie Steigeisen. Das Heu mußte oft weit auf dem Rücken bis zum nächsten Sammelplatz getragen werden. Hier kämpft der Mensch wie eh und je gegen die Urgewalten der Natur, gegen Lawinen, Wildbäche und Bergstürze. Hier ist aber auch noch ein starker Gemeinsinn wach, der durch eine besondere Art der Nachbarschaftshilfe den Verbleib des

Menschen in dieser kargen, von Naturkatastrophen immer wieder heimgesuchten Gegend möglich macht. So entstand im Tal eine „Bauselbsthilfegemeinschaft", die es vielen Schmirnern ermöglicht, im eigenen Haus zu wohnen. Als 1968 eine der etwa 40 Lawinen, welche 12 der 13 Schmirner Weiler bedrohen, den „Siegelerhof" zerstörte, bauten ihn die Gemeinschaftsmitglieder noch im selben Jahr in freiwilligen Arbeitsschichten wieder auf. Die sich über das ganze Tal erstreckende Gemeinde umfaßt die Fraktionen *Lorleswald mit der Muchnersiedlung, Schmirner Leite, Rohrach, Neder, Entwasser, Aue, Grube, Antritt, Egg, Gschmirn, Toldern, Hochmark, Wildlahner, Olinzen, Ladins, Siedlung, Holzeben.* Das bewohnte Gebiet liegt zwischen 1200 und 1600 m. Beim Weiler Toldern zweigt nach Südosten zum Olperer hin das durch Gletscherbrüche immer wieder verheerte *Wildlahnertal* ab (Murmeltiere). Im innersten Schmirntal liegen die Weiler Madern, Obern und Kasern, die mit dem Sammelnamen „Ladins" bezeichnet werden. Der *Stefflerhof in Madern* war mit 1610 m Höhe bis zu seiner Versteigerung im Jahre 1970 der *höchstgelegene Erbhof Österreichs.* Seit etwa 500 Jahren lebte hier das Geschlecht der Mader, dem der Gründer der Tiroler Glasmalereianstalt Georg Mader entstammte.

Geschichte

Die Besiedlung des hochgelegenen Bergbauerntales reicht bis in die vorgeschichtliche Zeit zurück. Schon sehr früh trieben rätische Hirten ihr Vieh über das Tuxer Joch. Im Mittelalter errichteten verschiedene Grundherren hier mehrere Schwaighöfe. 1249 wird erstmals in einer Urkunde „Vallis (= Tal) Smurne" erwähnt. Seit 1811 ist Schmirn eine selbständige politische Gemeinde. 1926 erfolgte die Loslösung von Hintertux, das sich aus verkehrsgeographischen Gründen an die Gemeinde Tux anschloß. 1861 wurde der Weiler Wildlahner vom Wildlahner Bach zerstört. Fünf der wiederaufgebauten Höfe mußten, da sie im Gefahrenbereich eines Bergsturzes lagen, nach 1970 neuerlich verlegt werden. Im Jänner 1951 wurden sechs jahrhundertealte Bauernhöfe durch Lawinen zerstört und fünf Menschen getötet. Erst 1955 wurde Innerschmirn mit elektrischem Strom versorgt. Eine zeitgemäße Verbindung mit der Außenwelt erfolgte durch den aufwendigen Straßenbau im Jahre 1972. Das 1980 der Gemeinde verliehene Wappen zeigt in grünem Schild eine weiße Kirche auf einem schwarzen Einberg: das Wallfahrtskirchlein „Zur Kalten Herberge".

Sehenswürdigkeiten

Die große barocke *Pfarrkirche zum hl. Josef* wurde 1757 von Franz de Paula Penz erbaut. Das Innere schmücken schwungvolle Rokokostukkaturen und die großartigen Fresken, die der aus Telfs stammende *Barockmaler Anton Zoller*, der von seinem *Sohn Josef Anton unterstützt wurde*, malte. Namhafte Kunsthistoriker bezeichnen die Deckenbilder der Schmirner Kirche als Zollers beste Leistungen in Tirol. Blitzeschleudernd sitzt Christus auf einem Regenbogen über der drastischen Szenerie des Jüngsten Gerichtes. Besonders eindrucksvoll ist der Sturz der Verdammten. Hervorragende Einzelstudien zeigt das Kuppelfresko, das die Verherrlichung der Dreifaltigkeit und der Heiligen im Himmel darstellt. Über dem Hochaltar verehren Engel und die Bauernheiligen Isidor und Notburga die Eucharistie. Das Thema des letzten Freskos ist die Ruhe auf der Flucht der Heiligen Familie. (Weitere Fresken, die Anton Zoller im Zusammenwirken mit dem geistlichen Baudirektor Franz de Paula Penz schuf, befinden sich u.a. in Telfes im Stubai, Gschnitz, Mutters und Patsch.) Feierlich wirken die spätklassizistischen Altäre (1843). Das Hauptaltarblatt (Tod des hl. Joseph) malte 1843 der aus Ried im Oberinntal stammende Nazarener Caspar Jele. Der Rokokosarkophag am linken Seitenaltar birgt den Leichnam des hl. Felix. Zu Weihnachten wird ein anmutiges Krippenrelief von Josef Bachlechner aufgestellt; bemerkenswert ist auch das Ostergrab.

Besonders schön ist der *Friedhof* mit seinen kunstvollen schmiedeeisernen Kreuzen. Das ebenfalls von Penz erbaute *Pfarrhaus* hat eine getäfelte Neorenaissancestube.

Etwa 300 m westlich der Pfarrkirche steht auf einer Anhöhe das *„Sunnwinklhaus"*, einer der wenigen Schmirner Höfe, die noch im ursprünglichen Zustand erhalten sind. Im Innern des Hauses, das der Kirche gehört, befindet sich die sogenannte „Lebensbahn von Schmirn", eine originelle Dorfchronik in Form einer großen Modelleisenbahn.

Beim Joggerhof in Madern wurde 1975 eine schöne *Kapelle* zu Ehren des hl. Antonius von Padua errichtet. Max Spielmann schmückte sie mit einem eindrucksvollen Kruzifix und mit zwei Tafelbildern.

Die Wallfahrt „Zur Kalten Herberge"

Etwa eine halbe Stunde von Schmirn entfernt liegt oberhalb des Weilers Wildlahner, versteckt in einer Waldlichtung, das Wallfahrtskirchlein „Mariahilf in der Kalten Herberge".

Die Entstehungslegende berichtet, ein Hirte habe an einem stürmischen Herbsttag unter einer großen Fichte eine wunderschöne Frau mit einem Kindlein sitzen gesehen. Dort suchte sie Schutz vor Wind und Wetter. Voller Erbarmen rief ihr der Hirte zu: „Hast du da eine kalte Herberge!" Da verschwand die holde Frau mit dem Kind. Nach einiger Zeit glaubte man, in ihr die Muttergottes erkannt zu haben, und so hing man ihr zu Ehren eine Kopie des hochverehrten Mariahilfbildes von Lucas Cranach aus der Innsbrucker St.-Jakobs-Kirche an einen Baum. Einige Meter davon entfernt sprudelt unter den Baumwurzeln eine Quelle hervor. Als der Baum im Jahre 1972 umstürzte, schnitzte man daraus einen Bildstock zu Ehren der Gottesmutter. Schon 1730 hatte man für das Cranach-Bild eine Holzkapelle erbaut, sie wurde bald darauf durch ein gemauertes Kirchlein ersetzt. Da anfänglich das Heiligtum außerhalb des Tales noch kaum bekannt war, überstand es unbehelligt die schlimme Zeit von 1782 bis 1790, in der Josef II. alle Wallfahrtsstätten aufheben oder gar abreißen ließ. Mehrmals wurde das Kirchlein erweitert, und der Pilgerstrom aus nah und fern nahm ständig zu.

Nebst dem Marienbild birgt das Kirchlein auch das Missionskreuz und das Porträt des Jesuitenpaters Peter Müller. Das Kreuz soll 1783 dem Missionar in Südamerika aus einer großen Not geholfen haben. Es wurde anläßlich einer Volksmission nach Schmirn gebracht. Auch während der glaubensfeindlichen Zeit der nationalsozialistischen Herrschaft ließen sich die Schmirner nicht beirren und erneuerten unter großen Opfern die kleine Kirche. 1940 schuf Franz Seelos aus Zirl das Fresko mit der Krönung Mariens. Die zu besonderen Anlässen abgehaltenen Bittgänge „Zur Kalten Herberge" finden auch heute noch unter großer Beteiligung der Bevölkerung statt. Vor allem das Fest der hl. Anna am 26. Juli wird feierlich begangen.

Freizeitmöglichkeiten

Das in einem Tourismusverband zusammengefaßte Gebiet von Stafflach, St. Jodok, Vals und Schmirn bietet jedem Erholungsuchenden einen idealen Urlaubsaufenthalt in einer der schönsten naturbelassenen Gegenden Tirols. Großer Beliebtheit bei Mountainbikern erfreuen sich auch die vielen schönen Höhenwege.

Wanderungen und Bergtouren

Ausgangspunkt St. Jodok:

- Auf verschiedenen Wegen nach Stafflach und zurück: ½ bis 1 Std.;
- jenseits der Bahn in das vorderste Schmirntal und auf der Straße nach St. Jodok zurück: 1½ Std.;
- auf der Schattenseite ins äußere Valser Tal und auf der Valser Straße nach St. Jodok zurück: 1½ Std.;
- auf Waldwegen nach Gries und zurück: 2 Std.;
- über Stafflach und Nößlach (1437 m) nach Steinach: 2½ Std.;
- über den Padauner Sattel (1591 m) zur Haltestelle Brennersee und zurück: 3½ Std.;
- über den Padauner Sattel auf den Padauner Kogel (2068 m), herrliche Aussicht: 3½ Std.;
- über Lorleswald nach Außerschmirn und auf der Schmirner Talstraße zurück: 3½ Std.;
- zum Alpengasthaus „Touristenrast" im Valser Tal (1345 m) und zurück: 4 Std.;
- durch das Valser Tal zur Geraer Hütte (2326 m): 4½ Std., Rückweg über das Steinerne Lamm (2528 m) ins Wildlahner Tal und durchs Schmirntal nach St. Jodok: 4½ Std.;
- von der Abzweigung kurz vor der „Touristenrast" auf dem Geistbeckweg über die Nocker-Alm (1391 m) zu den Almen im Tscheisch (ca. 2000 m): 1½ Std.;
- vom Gasthof „Touristenrast" auf dem Geistbeckweg zur Landshuter Hütte am Kraxentragersattel (2693 m): 5 Std.;
- über Schmirn und Kasern (1625 m) auf das Tuxer Joch (2338 m): 5 Std.;
- Ausgangspunkt Schmirn: „Zur Kalten Herberge" (1572 m): ¾ Std.;
- aufs Hochgneinerjöchl (1981 m): 2 Std.;
- zum Tuxer Joch (2338 m) und zum Tuxer-Joch-Haus (2313 m): 3 Std., prachtvoll ist der Blick auf die Eismassen der Gefrorenen Wand, Übergang zum Spannagelhaus: 2½ Std., Abstieg nach Hintertux: 1½ Std.;
- zur Zirma-Gammerspitze (2537 m): 4 Std.;
- übers „Steinerne Lamm" zur Geraerhütte (2326 m): 4 Std.

Im *Winter* ist das Gebiet für den Schifahrer vor allem wegen der vielen lohnenden Tourenmöglichkeiten interessant (Padauner Kogel, Venn- und Ottenspitze); 1 Schlepplift in Schmirn, nahegelegen sind die Schizentren Steinach und Gries; Langlaufloipen in Schmirn (4 km) und St. Jodock (2 km), Eislaufen und Eisstockschießen in St. Jodok, Rodelbahnen, geräumte Wanderwege (6 km), Langlaufloipen.

Auskunft: A-6154 St. Jodok, Tourismusverband St. Jodok-Vals-Schmirn-Stafflach.
Tel.: 05279/5203, Fax: 05279/5533 (Schmirn),
Tel.: 05279/5209, Fax: 05279/5209 (Vals),
Internet: www.tiscover.com/steinach-trins-gschnitz,
E-Mail: tourismus@wippregio.at
Bahnstation: St. Jodok; ganzjährig Busverbindung vom Bahnhof Steinach nach Vals und Schmirn.

Gries am Brenner

1165 m Seehöhe, 1.276 Einwohner

Gries am Brenner

Südlich vom Weiler Stafflach, der noch zur Gemeinde Steinach gehört, verengt sich das Wipptal nahezu schluchtartig. Dann weitet es sich wieder und bietet Raum für das langgestreckte, freundliche Dorf Gries, den letzten Nordtiroler Ort vor dem Brennerpaß (5 km). Vom Westen her mündet aus dem landschaftlich reizvollen Obernbergtal, das zu den Felstürmen des Tribulaun hineinführt, der muntere Seebach in die junge Sill. Der Bahnhof liegt etwa 100 m über dem Ort an den Hängen des Padauner Kogels (2068 m). Zur weitausgedehnten Gemeinde gehören die Ortsteile *Gries mit Brennersee, Klamm, Lueg, Planken und Ritten, Vinaders mit Au, Egg, Gasse, Nößlach und Neder, Venn, Griesberg und Brenner.*

Vor dem Bau der Autobahn galt der durch einen Bergsturz entstandene Brennersee, der früher Dornsee hieß, als ein landschaftliches Juwel des nördlichen Wipptales. Heute hat er seine Schönheit eingebüßt. Im fischreichen See tummeln sich zahlreiche Bach- und Regenbogenforellen. An seiner Südwestseite, unterhalb des „Seehofes", wurde ein Picknickplatz mit Informationstafeln eingerichtet.

Beim Brennersee mündet das romantische, von der Straße aus kaum wahrgenommene *Venntal* (= Vennatal von lat. foenum = Heu), durch das man zur Landshuter Hütte und zum mächtigen Gebirgsstock des Kraxentragers (2999 m) gelangt. Wunderschön und reich ist hier die Alpenflora. Da gibt es die seltene Schrofenfeder (= Alpengrasnelke), die leuchtend rote Berglilie, Brunellen, Platenigl, Türkenbund, Frauenschuh und vor allem die Königin der Alpenblumen, das Edelweiß.

Reizvoll ist auch das sonnige *Nößlacher Plateau*, eines der schönsten Gebiete des Wipptales, das seit dem Autobahnbau für den Verkehr erschlossen wurde. Nach dem letzten Krieg hat man hier einige Jahre hindurch Anthrazit gewonnen.

Höchster Punkt des Gemeindegebietes ist der *Kraxentrager* mit 2999 m, ein beliebter Schiberg der 2776 m hohe *Wolfendorn.* Bemerkenswert ist die Tatsache, daß die Bewohner von Venn und Griesberg, die von der bereits auf Südtiroler Boden gelegenen Pfarre „Maria am Wege" am Brenner seelsorglich betreut werden, wohl die einzigen österreichischen Katholiken sind, die keine Kirchensteuer zahlen müssen, da es diese Abgabe in Italien nicht gibt.

Von altersher lebt Gries vom durchreisenden Personen- und Warenverkehr. So ist es typisch, daß sich im Gemeindegebiet nur zwei Lebensmittelgeschäfte, jedoch sieben Tankstellen befinden. Mancher Grieser profitierte von der nahen Grenze, da er den Beruf eines Zöllners oder Zollwachebeamten ausübte. Unter den 80 landwirtschaftlichen Betrieben gibt es noch immer 10 Vollerwerbsbauern.

Im Haus Brennerstraße 59 ist seit 1992 die *„Arche"* untergebracht. Es ist dies eine christliche Wohn- und Lebensgemeinschaft, in der Menschen mit einer geistigen Behinderung und deren Begleiter unter einem Dach zusammenleben. Eine Werkstätte in unmittelbarer Nähe des Hauses bietet tagsüber Raum für Arbeit und kreative Entfaltung.

Geschichte

Der allein in Tirol achtmal vorkommende deutsche Ortsname Gries bedeutet soviel wie Geröll, Schotter. Seine Entstehung verdankt der im 16. Jahrhundert erstmals genannte Ort der Verlegung des Brennerverkehrs von der Höhe in das Tal, während die Ortschaft *Vinaders*, die 2 km südwestlich von Gries im Obernbergtal liegt, schon in vorrömischer Zeit besiedelt worden ist. Denn durch Vinaders führte der von Steinach und über Nößlach heraufziehende alte Brennerweg, der heute noch zwischen Nößlach und Hölden „Römerstraße" genannt wird.

Eine selbständige politische Gemeinde wurde Gries während der bayrischen Herrschaft im Jahre 1811. 1973 erhielt sie ein Wappen, das auf einem goldenen Schild drei schwarze, dreifach gezinnte Türme zeigt. Die drei Türme sollen sowohl die drei vermuteten prähistorischen Wallburgen auf Walenstein, Lueg und Nößlach als auch die drei alten Kirchen der Gemeinde in Vinaders, St. Jakob und am Lueg symbolisieren. 1348 wütete im obersten Wipptal die Pest, 1567 verwüstete die Sill Fluren und Häuser, die Kriegsjahre 1703 und 1809 brachten Elend und Not über die Bevölkerung.

In Gries wirkten zwei hervorragende Priester: Von 1840 bis 1880 war *Kurat Franz Muigg*, ein Mann von höchster Gelehrsamkeit, Seelsorger der damals noch ungeteilten Pfarre. Der unermüdliche Heimatforscher konnte Bücher in sieben verschiedenen Sprachen lesen; er ist der Verfasser der für die Lokalgeschichte wichtigen „Chronik von Vinaders". An der Außenseite der Kirche erinnert eine Grabinschrift an sein segensreiches Wirken. Von 1898 bis 1914 war der unvergessene *„Reimmichl"* (Sebastian Rieger) Kaplan in Gries. Im dortigen Widum redigierte er den „Tiroler Volksboten", aus dem die spätere Wochenzeitschrift „Präsent" hervorging. Täglich kamen Besucher zum „Pfarrer von Tirol", der 1908 zum großartigen „Volksbotenschießen" nach Gries einlud. Das Fest, an dem rund 1.000 Schützen aus allen Tälern des damals noch ungeteilten Landes Tirol 56.800 Schuß abfeuerten, dauerte acht Tage.

Sehenswürdigkeiten

In der Dorfmitte von Gries steht die 1831 geweihte *Pfarrkirche Mariä Heimsuchung*, die lange eine Filiale von Vinaders war. Die schöne Inneneinrichtung und die Stukkaturen stammen weitgehend aus der klassizistischen Stilepoche: Die Deckenfresken sind das beachtliche Erstlingswerk Josef Arnolds (gest. 1879 in Innsbruck), der auch die drei Altarblätter malte. Josef Reinisch schuf den klassizstischen Altaraufbau, Gottlieb Klotz die Kanzel mit dem plastischen Schmuck. Karyatiden und Hofzreliefs schmücken das schöne Chorgestühl. Die zwei Holztafeln mit den 14 Nothelfern stammen aus dem 17. Jahrhundert. Eindrucksvoll wirkt das 1927 als Kriegerdenkmal geweihte überlebensgroße Kruzifix von Hans Buchgschwendter aus Matrei, der auch den Taufstein gestaltete. Kunstvoll ist das Orgelgehäuse mit der Statue König Davids.

Die *Pfarrkirche von Vinaders* am Eingang ins Obernbergtal ist wegen des einst hier vorbeiziehenden Brennerverkehrs dem *hl. Leonhard*, dem Patron der Wallfahrer, Fuhrleute, Bauern und des Viehs geweiht. Das urkundlich erstmals 1337 genannte Gotteshaus dürfte schon bald nach 800 als Pilgerkirche entstanden sein. Es wurde mehrmals umgebaut, das letzte Mal 1803 in barockem Stil. Nur die gotischen Formen an Turm und Tor blieben erhalten. Interessant ist, daß die Kirche, um ihre Einnahmen zu erhöhen, bis zur Einstellung der Rodfuhren im Jahre 1764 einen eigenen Rod- oder Ballwagen besaß. Sie hatte das Recht, jeden siebten Wagen von Lueg nach Sterzing bzw. nach Matrei zu führen.

Die Deckengemälde von Rafael Thaler, der 1901 die Kirche neu ausgemalt hatte, wurden in den achtziger Jahren wieder entfernt und die alten Fresken von Josef Schmutzer freigelegt (Glorie des hl. Leonhard und Weihnachtsbild). Das Bild des spätbarocken Hochaltars (die hll. Leonhard und Nikolaus verehren die Gottesmutter) stammt ebenfalls von Josef Schmutzer (1803). Georg Mader aus Steinach, einer der Bahnbrecher des nazarenischen Stils in Tirol, schuf 1854/55 die Seitenaltarblätter.

Den stimmungsvollen *Friedhof*, der den Pfarren Gries und Vinaders gemeinsam ist, schmücken zahlreiche schmiedeeiserne Kreuze. Interessant sind die fünf schindelgedeckten Stationskapellen mit ihren kurzen Holzsäulen. Im *Pfarrhaus* ist ein wertvolles Tafelbild des maximilianischen Hofmalers Sebastian Scheel aufbewahrt (Die Auferweckung des Lazarus, 1546).

In einer idyllischen Landschaft, auf einem Hügel über der Autobahn, liegt westlich von Gries das spätromanische *Kirchlein zu Ehren des hl. Jakob*, des Patrons der Pilger und Reisenden. Eine Urkunde aus dem Prämonstratenserstift Wilten berichtet, daß der im Wipptal begüterte Ritter Peter von Trautson, der im Jahre 1305 nach Santiago de Compostela pilgerte, das Kirchlein stiftete. Es birgt einen kostbaren spätgotischen Flügelaltar aus der Zeit um 1490.

1,2 km südöstlich von Gries liegt in 1227 m Höhe die von einer Ringmauer umgebene Kirche zu den *hll. Sigmund und Christoph am Lueg* (= im Loch, in der Enge). Hier, an der engsten Stelle des Wipptales, hatten wahrscheinlich schon die Römer eine Anlage errichtet, 1214 wird von einem Schloß berichtet, das die wichtige Handelsstraße sperrte. Seit 1287 ist am Lueg eine Zollstätte nachweisbar, die damals den höchsten Ertrag in Tirol aufwies, später entstand ein großes Ballhaus und eine beachtliche Siedlung. 1703, während des Spanischen Erbfolgekrieges, verhinderte hier der Tiroler Landsturm den Durchzug der eindringenden bayrischen Truppen. Die Todesstunde für Lueg schlug in der Nacht vom 11. auf den 12. August 1809, als der in der Sachsenklemme in Südtirol geschlagene französische General Lefebvre mit seinen Truppen über den Brenner floh. Um seine Niederlage zu rächen, gab er den Befehl, das uralte Zollschloß und alle Gebäude niederzubrennen. Nur die gotische Kirche mit dem altertümlichen romanischen Turm blieb von den Flammen verschont. Die mehrmals ausgeraubte Kirche wurde nach der gründlichen Renovierung 1997 neu eingeweiht. In der Vorhalle befinden sich Grabsteine verschiedener Zollbeamter aus dem 17. und 18. Jahrhundert.

Traditionsreich sind die jahrhundertealten *Straßengasthöfe* in Gries. Besonders schön ist das seit über 500 Jahren bestehende „Weiße Rößl", das 1957 Max Spielmann mit Sgrafitti schmückte. Ein Deckenfresko „Mariä Verkündigung" befindet sich im Obergeschoß. Im wuchtigen Gasthof „Sprenger" ist eine aus dem Jahre 1625 stammende Renaissancestube erhalten geblieben.

Die denkwürdige Begegnung Kaiser Karls V. mit seinem Bruder Ferdinand I. am 3. Mai 1530 wurde auf der an einer Felsenwand angebrachten Marmortafel am südlichen Ortsausgang verewigt. Oberhalb des Brennersees wurden 1935 Reste der *alten Römerstraße* ausgegraben. Ein Meilenstein aus der Zeit Kaiser Maximinus Thrax (225 – 238 n. Chr.) befindet sich im Landesmuseum Ferdinandeum in Innsbruck. Interessant sind die technisch großartigen *Autobahnbrücken,* vor allem die Pfeilerbrücke Lueg.

Freizeitmöglichkeiten

Erwerb der Wandernadel, Zimmergewehrschießstand, Doppelsessellift auf die Sattelalm (1640 m), dem Ausgangspunkt zahlreicher Bergwanderungen.

Wanderungen und Bergtouren

- Über die „Trimm-Dich-Fit-Strecke" auf den Kreuzkogel und über den ehemaligen Gasthof „Berghof" zurück nach Gries: 1½ Std.;
- über Hölden und Nößlach (1437 m) nach Steinach: 3 Std.;
- über das Lueg-Kirchlein und den Brennersee zum Brennerpaß (1374 m): 2 Std.;

- zum „Blinden Herrgott“ beim Larcherhof am Padauner Sattel (1557 m) und weiter über den Gasthof „Steckholzer“ hoch über dem Valser Tal nach St. Jodok: 3 Std. (Rückfahrt mit der Bahn);
- auf den aussichtsreichen Padauner Kogel (2068 m): 3½ Std.; in 2½ Std. Abstieg nach St. Jodok;
- über Nößlach auf die Berger Alm (1550 m): 3 Std.; in 1½ Std. Abstieg nach Steinach;
- auf das Nößlachjoch (2227 m): 3 Std.;
- über die Sattelalm (1640 m) auf den 2113 m hohen Sattelberg, der von den Einheimischen auch Leckner genannt wird: insgesamt 3 Std.;
- von Gries über das Nößlachjoch (2227 m), Eggerjoch (2282 m), Lichtsee und Rohrsee nach Obernberg: 6 bis 7 Std.;
- von der ehemaligen Eisenbahnstation Brennersee durch das Venntal zum Weiler Venn (1457 m) und über die Ochsenalm auf die Landshuter Hütte (2713 m): 4½ Std., von hier aus in 1 Std. auf den Kraxentrager (2999 m).

Winter: Seit dem Bau des Doppelsesselliftes auf die Sattelalm und eines Doppelschleppliftes auf den Sattelberg (2050 m) ist Gries neben Steinach das wichtigste Wintersportzentrum des Nordtiroler Wipptales (Baby- und Roßbodenlift auf dem Sattelberg). Vielfältig sind auch die Tourenmöglichkeiten: Nößlachjoch (2227 m): 2½ Std.; Wolfendorn (2776 m): 4 Std.; Kraxentrager (2999 m): 6 Std. Langlaufloipen in Nößlach und auf der Sattelalm, Rodelbahn, Natureislaufplatz, Eisstockschießen, geräumte Wanderwege.

Auskunft: A-6156 Gries, Tourismusverband.
Tel. und Fax: 05274/87254, Internet: http://www.wippregio.at, E-Mail: info.gries@wippregio.at
Bahnstation: Gries; Busverbindungen.

Obernberg

1393 m Seehöhe, 362 Einwohner

In der Ortsmitte von Gries zweigt nach Südwesten eine gut ausgebaute, 9 km lange Landstraße ins hochgelegene, romantische Obernbergtal ab. An der Talstation der Sattelbergbahn (Sessellift) vorbei führt sie am rauschenden Seebach entlang nach Vinaders (St. Leonhard). Hier mündet die Autobahnausfahrt vom Nößlachplateau in die einstige Römerstraße ein. Leicht ansteigend fährt man durch eine enge Schlucht. Beim ehemaligen Gasthof „Tribulaunblick" weitet sich plötzlich ein von mächtigen Bergen und lichten Wäldern umgebenes Wiesental. Alte freskengeschmückte Bergbauernhöfe liegen an den sonnseitigen Hängen. Das Tal von Obernberg wird von vielen als Höhepunkt landschaftlicher Schönheit im Wipptal empfunden. Die mächtigen Felsen und Grate des Tribulaunstockes mit der Schwarzen Wand, mit 2916 m die höchste Erhebung im Gemeindegebiet, bilden den imposanten Talschluß. Schon der berühmte Tiroler Topograph Johann Jakob Staffler pries das Obernbergtal als ein Kleinod Tirols, „wo die Landschaft einen wahrhaft poetischen Charakter annimmt". Besonders reizvoll wirkt für den Naturfreund der Gegensatz zwischen Ur- und Kalkgebirge.

Zur ausgedehnten Gemeinde gehören die Ortsteile *Gereit, Eben, Innertal, Frade, Außertal und Leite*. Der Sitz der Gemeinde ist in *Innertal*, etwa 6 km südwestlich von Gries. Die frühere, schon 1238 genannte Dauersiedlung *Padrins* (vom lat. pietrone = Fels, Stein) am Weg zu den Obernberger Seen ist heute nur mehr als Alm zeitweise bewohnt (Ober- und Unterrainsalm).

In 1593 m Seehöhe liegt, überragt vom Tribulaun, der als Perle des Wipptales vielgerühmte smaragdgrüne, bis zu 15 m tiefe *Obernberger See* (seit 1935 Naturschutzgebiet; eigentlich sind es zwei Seen, die bei hohem Wasserstand miteinander verbunden sind). An seinem Ufer hielt sich der große Waidmann Kaiser Maximilian gerne auf, denn im Bereich des Sees gab es eine Gemsen- und Hirschjagd. An den „zwei Wildseelein am Oberperg" setzte er einen „See- und Bachhüter" ein, der die Fischerei zu überwachen hatte. Viele Sagen ranken sich um den stillen, klaren Bergsee, der keinen Abfluß aufweist, aber mit dem Brennersee unterirdisch zusammenhängen soll. 1935 wurde auf einer Halbinsel das *Kirchlein Unsere Liebe Frau am See* erbaut; der Freskenschmuck (Krönung Mariens und Heilige) stammt von Karl Rieder (1938).

Rund um den See und durch den umliegenden Fichtenblockwald führt ein schöner Wanderweg. Am nördlichen Ende befindet sich ein Gasthaus mit Bootsverleih.

Obernberg am Brenner, Obernberger See

In der sogenannten „Kachelstube" oberhalb des Obernberger Sees entdeckte 1569 der berühmte Bildhauer und Baumeister Alexander Colin einen schönen weißen, graugeaderten Marmor, der u. a. auch für die Ausschmückung der Hofkirche in Innsbruck gebrochen wurde.

Geschichte

Schon die Menschen in vorrömischer Zeit drangen als Jäger in das einsame Bergtal ein und trieben später ihre Herden dorthin auf die Sommerweide. Als 15. v. Chr. der römische Feldherr Drusus mit seinen Legionen vom Süden her über das Portjoch und das Steinjoch zog und durch das Tal marschierte, gab es hier schon einen blühenden Bergbau. Manche Forscher vermuten im Obernbergtal das *älteste Bergwerksgebiet Tirols*. Die fünf Knappenlöcher, die man südlich der Kachelstube noch gut erkennen kann, sollen aus der vorrömischen Zeit stammen. Vom 13. Jahrhundert an betrieb das Hochstift Brixen ein Silberbergwerk, bis 1490 Kaiser Maximilian dem Brixner Bischof den Bergbau abkaufte. Das geschürfte Erz wurde in Vinaders, Gries und St. Jodok verhüttet. Als nach der Entdeckung Amerikas billiges Silber nach Europa gelangte, mußte der nicht mehr konkurrenzfähige Bergbau eingestellt werden.

Bei Kennern gilt dieses Gebiet auch heute noch als ein gerne aufgesuchtes Mineralienparadies. Auf einer mächtigen Schutthalde findet man Baryt, Galenit, Fahlerz, Malachit, Quarz und andere Mineralien. Die große Bergbauvergangenheit des Tales, die den Einwohnern Ansehen und Reichtum gebracht hatte, lebt bis heute in zahlreichen Sagen weiter: Der Erzsegen ließ die reichen Knappen immer übermütiger werden; sie beschlugen ihre Schuhe mit Nägeln aus purem Gold und bewarfen sich in frevelhaftem Spiel mit Butterknollen. Als sie bei einem Fest einen Stier quälten und fast zu Tode hetzten, brach ein grauenhaftes Unwetter los, und ein Bergsturz verschüttete die Stollen und die Knappensiedlung. Seither soll unter dem Rasselstein, vom geizigen Bergkönig bewacht, eine silberne Geige und das prächtige „Goldene Kegelspiel" der Knappen vergraben liegen. So zieren heute zwei goldene Kegel und ein König das in Rot gehaltene Wappen der seit 1810 bestehenden selbständigen Gemeinde. Obernberg ist mit Heddesbach bei Heidelberg eine Partnerschaft eingegangen.

Sehenswürdigkeiten

Vor einer eindrucksvollen Gebirgskulisse, umrauscht von Lärchen und Birken, grüßt von einem Moränenhügel die *Pfarrkirche zum hl. Nikolaus*, dem Beschützer vor den Gefahren des Hochwassers und Patron der armen Leute. Sie ist zweifellos eine der schönstgelegenen Kirchen Nordtirols und wird immer wieder von Fotografen als Motiv gewählt. Hier ist es in einer einmaligen Weise gelungen, volle Harmonie zwischen Natur und Architektur zu erreichen. Bereits 1339 wurde in einem Ablaßbrief eine St.-Nikolaus-Kirche am Obernberg genannt. Das jetzige spätbarocke Gotteshaus wurde 1760 vom Innsbrucker Hofmaurermeister Johann Michael Umhauser, einem Mitarbeiter des genialen geistlichen Baudirektors Franz de Paula Penz, errichtet. Der schlanke Turm mit dem charakteristisch geschweiften Helm erhielt 1834 eine „passende Form". Einheitlich wirkt die im schwungvollen Rokokostil gehaltene Innenausstattung. Die hervorragende Dekorationsmalerei, die herrlichen Deckenfresken sowie die Altarbilder stammen vom berühmten Meister Christoph Anton Mayr aus Schwaz. Das Hauptaltarblatt zeigt die Verehrung der Gottesmutter durch den hl. Nikolaus, die beiden Seitenaltarblätter sind den Bauernheiligen Notburga und Isidor gewidmet. Im Fresko in der Mittelkuppel empfiehlt der hl. Nikolaus die Gemeinde der Heiligen Dreifaltigkeit. Die Altarstatuen werden Johann Perger aus Stilfes im Eisacktal, dem bedeutendsten Tiroler Bildhauer aus der Übergangszeit vom Spätbarock zum Klassizismus, zugeschrieben. Schön ist auch die Kanzel mit ihrem schwungvollen Rokokodekor.

Vor dem Kriegerdenkmal befindet sich ein als Weihwasserbecken verwendeter heidnischer Schalenstein, der im Fradertal gefunden wurde.

Interessant und lehrreich ist die Besichtigung der *alten Mühle* bei der Kirche, wo noch heute Korn gemahlen werden kann.

Freizeitmöglichkeiten

Obwohl das gastliche Erholungsdorf nahe den internationalen Verkehrswegen über den Brenner liegt, stört kein lärmender Durchzugsverkehr die Ruhe des romantischen Bergtales. Kletter-Schnupperkurse, Klettergarten am Eingang zum Hinterennstal; geführte Berg- und Wandertouren, Sauna, Schach.

Wanderungen und Bergtouren

- Wiesen- und Bachweg vom Haideggerhaus zum Gasthof „Waldesruh": 1½ Std.;
- vom Gasthof „Waldesruh" über die Unter- und Oberrainsalm zum Gasthof „Obernberger See" (1593 m): ½ Std.; landschaftlich reizvoll ist die Wanderung rund um den See (für ältere Leute wegen der vielen Wurzeln und Steine etwas anstrengend): 1 St.; Rückweg zur „Waldesruh" über den Seesteig und Hinterenns: 1½ Std.;
- zu den Leitner Höfen (Innere und Äußere Leite): 1 Std.;
- zu den Almen ins Fradertal: 1 Std.; zum sagenumwobenen Lichtsee, Rohrsee und auf das Trunajoch (2153 m): 2½ Std.;
- über die Kastenalm und das Muttenjoch auf den Muttenkopf (2637 m): 3½ Std., wunderschöne Aussicht;
- über den Obernberger See zum Sandjoch (2166 m) an der italienischen Grenze, Blick auf die Dolomiten: 3½ Std.;
- durch das Fradertal und über die Fraderalm (1618 m) zum Flachjoch (2124 m) oder über das Sattele (2107 m) zum Hohen Lorenzen (2314 m) 3 Std.; Abstieg in 2 Std. über den Obernberger See, Gesamtweg 5 Std.;
- über den Obernberger See zum Obernberger Tribulaun (2780 m), steiler Aufstieg, jedoch wegen der herrlichen Aussicht auf die Zillertaler und Stubaier Gletscher sehr lohnend: 4½ Std.;

- durch das Hinterennstal (Bergwerksstollen aus dem 15. Jahrhundert) zum Gstreinjoch: 4 Std.

Winter: 1 Schlepplift, Schigebiet Sattelberg in 5 km Entfernung; Schischule, kostenloser Schibus; zahlreiche Tourenmöglichkeiten: zum Obernberger See, zum Grubenkopf, zum Lichtsee, zum Muttenkopf und zur Rötenspitze. Langlaufloipe (7 km), Rodelbahn, Eislaufplatz, Schlittenfahrten, geräumte Wanderwege.

Auskunft: A-6156 Obernberg, Tourismusverband.
Tel.: 05274/87532, Fax: 05274/87462-4, Internet: http://www.tirol.co.at/obernberg, E-mail: obernberg@netway.at
Bahnstationen: Gries und Steinach (12 km), Busverbindung ab/zum Bahnhof Steinach.

Brenner

Der 1372 m hohe Brenner ist erst seit 1919 der Grenzpaß zwischen Österreich und Italien. Er ist der wichtigste und niedrigste Übergang in den Ostalpen und bildet die Wasserscheide zwischen Sill und Eisack, zwischen dem Schwarzen und dem Adriatischen Meer.

Mehrere Sagen versuchen, die Herkunft des Namens Brenner zu erklären. Eine davon berichtet, daß einstmals der mächtige und gefürchtete Hunnenkönig Etzel mit seinen wilden Kriegshorden über den dichtbewaldeten Paß nach Italien ziehen wollte. Da der Wald den freien Ritt seiner Krieger hemmte und Wegelagerer sich im nahezu undurchdringlichen Gehölz versteckt hielten, setzte er dieses in Flammen. Wochenlang wütete der Brand, fraß den Wald und vernichtete alles „lichtscheue Gesindel". Seither nannten die Wanderer den Paßübergang „Brenner".

Die *alte Pfarrkirche* am Paß ist dem Schutzpatron der Pilger, dem rätischen Wanderbischof Valentin (gest. 470 in Mais bei Meran) geweiht. Auch er wird in einer Legende mit der Entstehung des Namens Brenner in Verbindung gebracht. Hermann Holzmann, der große Historiker und Dichter des Wipptales, erzählt: „Und als der heilige Valentin vom Süden her gegen den Norden zog, um die neue Lehre zu verkünden, da fand er auf der Höhe eines Bergpasses undurchdringliche Wälder vor, die sein Weiterkommen sehr erschwerten. Da befahl er seinen Gefolgsleuten, sie sollten den Wald in Brand setzen. Und zur Erinnerung an diesen großen Waldbrand auf der Berghöhe nannte er den Bergpaß: Brenner".

Namensforscher bieten ebenfalls zwei Deutungen des Ortsnamens an: Sie führen ihn entweder auf die rätischen Breonen, die Ureinwohner des Wipptales, zurück, oder bringen ihn mit der Rodungstätigkeit eines schon 1288 urkundlich erwähnten „Prennerius de Mittenwalde" in Zusammenhang. Dieser war ein Bergbauer, der im Brennergebiet nach damaliger Sitte den Urwald durch Schwenden oder Brennen rodete. Von seinem Hof ging der Name auf das ganze Paßgebiet über.

Brenner, einsamer Bauernhof

Gemeindewappen

Ellbögen

Fulpmes

Gries

Gschnitz

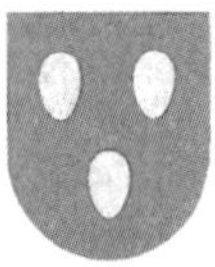
Matrei

Mieders

Mühlbachl

Mutters

Natters

Navis

Neustift

Obernberg

Patsch

Pfons

Schönberg

Schmirn

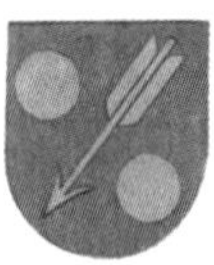
Steinach

Telfes

Vals

Chronik zur Geschichte Tirols unter besonderer Berücksichtigung des Wipptales – Stubaitales

Um 30000 v. Chr. Nach der letzten Eiszeit dringt der Mensch aus dem Norden allmählich in das Alpenvorland vor; Funde von bearbeiteten Knochenspitzen in der Tischoferhöhle im Kaisertal bei Kufstein.

Um 1900 v. Chr. Auf der Kuppe des Goldbühels bei Igls besteht bereits ein Brandopferplatz.

Um 1200 v. Chr. Urnenfelder der Höttinger Kultur am Laimbichl bezeugen eine ausgedehnte vorgeschichtliche Besiedlung des Raumes von Matrei am Brenner.

Um 102 v. Chr. Die Kimbern ziehen über den Brenner nach Italien.

16 – 15 v. Chr. Die Römer erobern das Alpengebiet bis zur Donau. Tirol wird bis zum Ziller der römischen Provinz Rätien, östlich vom Ziller der Provinz Noricum zugeteilt.

193 – 211 Der römische Kaiser Septimius Severus läßt über den Brennerpaß eine Straße bauen.

Um 200 n. Chr. Die Römer legen in Matrei den Rastort Locus Matreia an.

500 – 600 Die Bajuwaren dringen im Zuge der Völkerwanderung durch das Inntal in das „Land im Gebirge" ein. Der westgermanische Volksstamm der Alemannen wandert um 500 ins Lechtal (Außerfern) ein und vermischt sich mit der vorgefundenen kelto-romanischen Bevölkerung.

788 Das bayrische Stammesherzogtum und somit auch Tirol werden in das Frankenreich eingegliedert. Das Außerfern gehört bis zum 9. Jh. zum Herzogtum Schwaben.

Um 870 Gründung des Klosters Wilten.

Um 1000 Erste urkundliche Nennung von Stubai als „Stupeia".

Um 1100 Mutters wird erstmals urkundlich genannt.

1027 Tirols Geburtsstunde. Das Land erhält weitgehend die Unabhängigkeit vom Herzogtum Bayern.

Um die überaus wichtige Kaiserstraße, den Brennerweg, in sicherer Hand zu wissen, überträgt Kaiser Konrad II. die Grafschaften Trient, Bozen und Vinschgau dem Trienter Bischof, die Grafschaften im „Norital" (so hieß damals das Gebiet des Eisack- und Unterinntales) dem Bischof von Brixen. Diesem wird 1094 auch die Grafschaft im Pustertal übergeben. Die Bischöfe werden zu Reichsfürsten. Sie lassen jedoch ihre weltliche Gewalt von Vögten ausüben. Unter diesen ragen die Grafen von Tirol besonders hervor, die sich nach ihrem Stamm- und Residenzschloß Tirol (oberhalb von Meran) nannten. Schloß Tirol gab schließlich dem Land den Namen. Allmählich gelang es den Grafen von Tirol, alle Grafschaften an Inn und Eisack, an der Etsch und an der Rienz als Lehen zu bekommen.

1032 Tarzens, der älteste Teil von Ellbögen, wird erstmals urkundlich genannt.

1070 Pfons wird als „Phunzum" erstmals urkundlich genannt.

1100 Mutters (= Muttres) erstmals urkundlich erwähnt.

1130 Mieders erstmals urkundlich erwähnt.

1133 Erste Nennung von Telfes (= Telves).

1140 Trins (= Trunnes) erstmals urkundlich erwähnt.

1142 Patsch wird erstmals urkundlich erwähnt.

1151 Natters erstmals urkundlich erwähnt.

1239 „Inspruke" erhält das Stadtrecht.

1239 Otto von Andechs erhebt Innsbruck zur Stadt.

1249 Matrei wird vom Bischof von Brixen zum Markt erhoben.
Schmirn als „Smurne" erstmals erwähnt.

1253 Die Grafen von Tirol sterben aus, die Grafen von Görz treten ihr Erbe an.

1257 Navis und Ellbögen (= Elinboge) werden erstmals schriftlich erwähnt.

1259 – 1295 Graf Meinhard II. ist der eigentliche Gründer der Tiroler Landeseinheit. Als treuer Kampfgenosse Rudolfs von Habsburg wird er zum Landesfürsten erhoben und mit dem Herzogtum Kärnten belehnt.

1270 Schönberg im Stubaital wird erstmals als „Schönen Berg" urkundlich erwähnt.

1286 Gschnitz (= Gasnitz), Fulpmes (= Vultmeis) und Steinach werden erstmals urkundlich erwähnt.

1342 Die althergebrachten Rechte des Landes werden im „Großen Freiheitsbrief" festgehalten. Adel, Geistlichkeit, Bürger und Bauern werden als Träger der politischen Rechte und Freiheiten anerkannt.

1348 Die Pest soll fast das ganze Subaital ausgerottet haben.

1349 Steinach wird Gerichtssitz; dadurch wird seine Stellung als wichtigste Siedlung im Tal betont.

1363 Margarethe Maultasch, die letzte aus dem Geschlechte Meinhards von Tirol, übergibt mit Zustimmung der Stände „das Land im Gebirge, an Etsch und im Inntal" an Rudolf IV. von Habsburg. Damit gehört Tirol zu den österreichischen Erblanden. Die drei Gerichte Rattenberg, Kitzbühel und Kufstein bleiben bis 1504 bei Bayern.

1363 und 1368 Die Bayern, die Ansprüche an Tirol erheben, fallen mehrmals plündernd in Tirol ein und hausen entsetzlich. Der Brixner Bischof läßt

Schanzen „bey Mattray pei den zwayen ellenpogen" (Mühltaler und Arzler Schleife der Salzstraße) errichten. Erst nach erbitterten Kämpfen werden die Bayern aus dem Lande gejagt.

1379 – 1490 und 1564 – 1665 residiert in Innsbruck eine eigene Linie des Hauses Habsburg, dies ist für die politische und kulturelle Entwicklung Tirols von großer Bedeutung.

1399 Dorf und Kirche in Patsch fallen einem verheerenden Brand zum Opfer.

1406 – 1439 Herzog Friedrich IV. „mit der leeren Tasche". Er verlegt 1420 die Residenz von Meran nach Innsbruck. Auf seinen Landtagen sitzen Bürger und Bauern gleichberechtigt neben Adel und Geistlichkeit.

1411 Erstmalige urkundliche Erwähnung des Verkaufs von Stubaier Eisenwaren durch Wanderhändler.

1447 Hans und Agnes Günther gründen in Matrei ein Bürgerspital zur Versorgung von erkrankten Reisenden.

1490 – 1519 Maximilian I., der letzte Ritter, residiert meist in Innsbruck; 1500, nach dem Aussterben der Görzer Grafen, fällt das Pustertal mit der Herrschaft Lienz zu Tirol; 1504 kommen Kufstein, Rattenberg und Kitzbühel zu Tirol, das Maximilian zur gefürsteten Grafschaft erhebt. 1516 wird die Südgrenze des Landes bis nach Torbole am Gardasee vorgeschoben.

Um 1500 Die berühmten Uhrmeister aus den Stubaier Familien Grienberger und Lener können ohne zunftbedingte Einschränkung überall in Tirol Turmuhren bauen.

1511 In einer neuen Wehrverfassung, im sogenannten „Landlibell", verpflichtet sich Maximilian, keinen Krieg von Tirol aus ohne Zustimmung der Stände zu führen; alle Tiroler vom 18. bis zum 60. Lebensjahr sind zur Verteidigung des Landes verpflichtet, sie dürfen jedoch nicht außerhalb der Landesgrenzen zu Kriegsdienst herangezogen werden.

1512 Der „Schwarze Tod" wütet im Lande.

1525 Der große Bauernaufstand erschüttert Tirol. Michael Gaismair aus Sterzing will eine demokratische Bauernrepublik im Geiste des Evangeliums errichten.

1545 Truppen Kaiser Karls V. marschieren durch das Wipptal. 3.600 „wälsche Schelm" richten große Schäden an.

1547 Im Wipptal wütet der Schwarze Tod, allein in Ellbögen fallen 178 Menschen der Seuche zum Opfer.

1564 – 1595 Ferdinand II., der Gemahl der schönen und reichen Philippine Welser, legt die berühmte Kunstsammlung auf Schloß Ambras an und entfaltet einen glänzenden Hofstaat. Konsequent führt er die Gegenreformation durch. Zahlreiche Anhänger der Lutherischen Lehre und die Wiedertäufer wandern aus.

1558 Der „Tiroler Landreim" rühmt die „Stubayr guet Klingen".
1585 Bei einem Großbrand in Steinach wird das Jagdschloß Maximilians ein Raub der Flammen.
1587 Ein Bergsturz verschüttet in der Schlick alle Eisenerzgruben.
1618 – 1648 Dreißigjähriger Krieg. 1632 dringen die Schweden in Tirol ein, sie werden jedoch an der Ehrenberger Klause abgewehrt.
1621 Erzherzog Leopold V. legt den Grundstein für das Servitenkloster auf der Waldrast.
1640 Verheerende Erdrutsche in der Schlick führen zum endgültigen Ende des dortigen Eisenerzabbaus. Die beschäftigungslosen Knappen sind gezwungen, sich dem Schmiedehandwerk zuzuwenden.
1651 Entstehung der Heiligwasser Wallfahrt.
1665 Die Tiroler Linie der Habsburger stirbt aus. Innsbruck hört auf, Residenzstadt zu sein.
1669 Kaiser Leopold gründet die Innsbrucker Universität.
1675 Im Stubaital gibt es „45 Hueff-Sengensen- und Hammerschmiede". Wanderhändler tragen auf Kraxen die erzeugten Eisenwaren bis nach Württemberg und Lothringen.
1695 Der Bergbau im Viggar- und Arztal wird eingestellt.
1703 Im Verlauf des Spanischen Erbfolgekrieges überfällt der bayrische Kurfürst Max Emanuel Tirol. Die Tiroler greifen zu den Waffen und besiegen den Feind an der Pontlatzer Brücke, am Brenner und bei Innsbruck.
1707 – 1772 Der in Außernavis geborene Franz de Paula Penz prägt als geistlicher Baudirektor und Kirchenarchitekt entscheidend die spätbarocke Kirchenbaukunst Tirols. Er verbringt den größten Teil seines Lebens im Stubai.
1729 In Mutters fallen die Kirche und elf Bauernhäuser einem Großbrand zum Opfer.
1741 Bei einem verheerenden Großbrand wird der westliche Teil von Pfons ein Raub der Flammen.
1782 Papst Pius VI. reist von Wien kommend durchs Wipptal nach Rom.
1785 Josef II. verbietet die Wallfahrt in Maria Waldrast und läßt die Wallfahrtskirche schließen.
1786 Goethe reist über den Brenner nach Italien.
1787 Die Wallfahrt nach St. Magdalena im Gschnitztal wird von Josef II. untersagt.
1796 – 1801 Während der Kriege Österreichs gegen das revolutionäre Frankreich ist Tirol mehrmals Kriegsschauplatz. Glänzender Sieg des Inntaler Schützenaufgebotes über die Franzosen bei Spinges oberhalb von Mühlbach im Pustertal. Heldenhaft verteidigt Katharina Lanz, „das Mädchen von Spinges", mit einer Heugabel die Kirche des Ortes.

1805 Österreich verliert den 3. Koalitionskrieg gegen Frankreich und muß Tirol an Bayern abtreten. Die Ständevertretung und die Landesrechte werden beseitigt, kirchliches Brauchtum verboten, die Bischöfe von Chur und Trient müssen das Land verlassen, die jungen Tiroler werden gezwungen, in der verhaßten bayrischen Armee zu dienen. Der Name Tirol wird verboten.

1809 Der Tiroler Freiheitskampf leitet das Ende der Herrschaft Napoleons in Europa ein. Heldenmütig kämpfen die Tiroler Schützenaufgebote unter Andreas Hofer, Pater Haspinger, Josef Speckbacher und Peter Mayr gegen einen zahlenmäßig weit überlegenen Feind, den sie wiederholt schwer schlagen. Nach der dritten erfolgreichen Schlacht am Bergisel errichtet der Sandwirt in der Innsbrucker Hofburg eine Bauernregierung. Im Frieden von Schönbrunn wird Österreich erneut zur Abtretung Tirols gezwungen. Hofer wird verraten, gefangengenommen und am 20. Februar 1810 in Mantua erschossen. Tirol wird zwischen Bayern, dem Königreich Italien und den „Illyrischen Provinzen" aufgeteilt. Der Gasthof „Steinbock" in Steinach, der Stolzenhof und der Gasthof „Domanig" in Schönberg sowie der Gasthof „Zur Schupfen" dienen Andreas Hofer als Hauptquartiere.
Die Rigate Matreiwald, Mühlbachl, Mützens, Obfeldes und Statz werden zur Gemeinde Mühlbachl zusammengelegt.

1814 Das Land wird nach dem Sturz Napoleons wieder mit Österreich vereinigt.

1816 Die ehemaligen salzburgischen Gebiete im Zillertal, das Brixental und Windisch Matrei in Osttirol werden Tirol angeschlossen.

1842 - 1845 Bau der Stephansbrücke, der größten und am weitesten gespannten einbogigen Steinbrücke der Österreichisch-Ungarischen Monarchie (43 m).

1848 Innsbruck wird in den Rang einer Landeshauptstadt erhoben.

1853 Steinach wird von einem verheerenden Brand heimgesucht.

1863 Matrei und Mühlbachl werden von einem Großbrand heimgesucht.

1883 Ein Großbrand vernichtet zwei Drittel von Igls.

1886 - 1983 Der in Fulpmes geborene Architekt Clemens Holzmeister erreicht internationale Anerkennung (Festspielhaus in Salzburg, Landestheater in Linz, Regierungsviertel in Ankara, zahlreiche Kirchen, Kapellen, Denkmäler und Bühnenbilder).

1897 30 Werkzeugschmiede gründen in Fulpmes die Stubaier Werkgenossenschaft; im selben Jahr entsteht die Fachschule für Eisen- und Stahlverarbeitung (seit 1969 HTL).

1899 Eröffnung des Brennerwerkes in Mühlbachl. Es ist bei der Eröffnung das leistungsstärkste Wasserkraftwerk der Monarchie.

1900 Eröffnung der Igler Bahn.
1903 Eröffnung des Kraftwerkes Obere Sill, des damals größten E-Werkes der Österreichisch-Ungarischen Monarchie.
1904 Eröffnung der Stubaitalbahn.
1907 Igls nennt sich offiziell Kurort.
1908 Die Brennerstrecke wird zweigleisig befahrbar.
1914 – 1918 Erster Weltkrieg. Nach dem Eintritt Italiens in den Krieg, 1915, verteidigen Tiroler Standschützen die südliche Grenze des Landes. 40.000 Tiroler fallen für ihre Heimat.
1916 Bei einem Großbrand werden in Matrei 38 und in Mühlbachl 12 Häuser ein Raub der Flammen.
1919 Im Frieden von St. Germain fällt Südtirol an Italien. 250.000 Tiroler werden italienische Staatsbürger. Die siebenhundertjährige Einheit Tirols wird zerstört.
1923 Der italienische Faschismus versucht, das Deutschtum in Südtirol auszurotten. Selbst Grabinschriften werden „italianisiert".
Das Stubaier Bezirksgericht, das zuletzt seinen Sitz in Mieders hatte, wird dem Innsbrucker Bezirksgericht eingegliedert.
1928 Die Elektrifizierung der Brennerbahn wird abgeschlossen.
Eröffnung der Patscherkofelbahn.
1928 Eröffnung des Meißner Hauses.
1936 Steinach am Brenner wird Marktgemeinde.
1936 Elektrifizierung der Igler Bahn.
1938 Am 12. März marschiert die Deutsche Wehrmacht in Tirol ein. Tirol und Vorarlberg werden in einem Reichsgau zusammengefaßt.
Osttirol wird an Kärnten angeschlossen. Die Gemeinde Jungholz im Außerfern kommt zu Bayern.
1939 – 1945 Zweiter Weltkrieg. Hitler-Verrat an Südtirol. 50. 000 Tiroler kämpfen in der Deutschen Wehrmacht. Schwere Bombenangriffe auf Innsbruck, Hall, Brixlegg, Wörgl, Kufstein, Matrei am Brenner und Lienz. Nordtirol wird von Amerikanern und später von Franzosen besetzt; Osttirol gehört zur englischen Besatzungszone.
1940 Das heutige allgemeine öffentliche Krankenhaus Natters wird als Lungenheilstätte eröffnet.
1942 Vill und Igls werden Innsbruck eingegliedert.
1945 Matrei, Mühlbachl und Steinach werden schwer von alliierten Bombern heimgesucht. Schloß Matrei wird fast ganz zerstört.
1946 Den Südtirolern wird das Selbstbestimmungsrecht verweigert, jedoch die Autonomie zum Schutz ihres Volkstums zugesichert (Gruber-De-Gasperi-Abkommen).

1948 52 Arbeitnehmer gründen in Matrei eine Produktivgenossenschaft (GWM).

1949 Natters wird selbständige Pfarre.

1951 Bei einer Lawinenkatastrophe in Schmirn sind fünf Tote zu beklagen. Sieben Häuser werden zur Gänze zerstört.

1952 Erst seit diesem Jahr ist der Gemeindename Obernberg gebräuchlich.

1953 Eröffnung der Muttereralmbahn.

1955 Die französische und englische Besatzung verlassen Tirol.

1963 Die Europabrücke wird dem Verkehr übergeben.

1964 IX. Olympische Winterspiele in Innsbruck.
Errichtung der Diözese Innsbruck, sie umfaßt Nordtirol bis zur Zillermündung und Osttirol.

1968 Eröffnung der Brennerautobahn.

1969 Österreich und Italien einigen sich über das sogenannte „Paket", das die autonomen Rechte für die Provinz Bozen regelt.
Errichtung einer Höheren Technischen Lehranstalt für Maschinenbau und Fertigungstechnik in Fulpmes.

1970 In Neustift wird die größte österreichische Schihauptschule gegründelt. Mutters wird als schönstes Dorf Tirols prämiert.

1972 Gründung der Arge Alp (Arbeitsgemeinschaft Alpenländer).

1973 Nach zweijähriger Bauzeit, in der die acht Kilometer lange Hochalpenstraße von Ranalt zur Mutterbergalm errichtet wurde, erfolgt die Eröffnung der Stubaier Gletscherbahn.

1974 Die bisher selbständige Gemeinde Kreith wird mit Mutters vereinigt.

1976 Innsbruck ist das zweite Mal Olympiastadt.

1977 Das Bezirksgericht Steinach wird aufgehoben.

1980 800-Jahr-Feier der Stadt Innsbruck.

1989 Mathias Premm errichtet in Telfes einen Greifvogelpark.

1990 Eröffnung des Alfons Graber-Museums in Steinach.

1994 Bei Grabungen am Goldbühel bei Igls wird der bisher älteste Brandopferplatz Mitteleuropas entdeckt.

1995 In der Mutterer Schottergrube wird der „Gewerbepark Mutters" angelegt.

2000 Eröffnung des Patscherkofel-Expresses und der Reit-Arena in Igls.
Das F. X. Mayr Zentrum in Igls erhält als bestes Gesundheitshotel Österreichs die „Goldene Hygieia" verliehen.

Stichwortverzeichnis

Unser Know-How ist
in der ganzen Welt gefragt.
Tiroler bleiben
wir trotzdem.
tiroler
wasser
kraft
Kurt Jara ist ein erfolgreicher Tiroler, dessen Know-how auch im Ausland gefragt ist. Doch es gibt noch eine Gemeinsamkeit mit der Tiroler Wasserkraft: Trotz schöner Erfolge im fernen Ausland werden wir beide eines nie verkaufen: Unsere Tiroler Seele.
Infos: www.tiroler-wasserkraft.at

’S Leben spielt
oft Theater
da bisch froh
um an Berater
tiroler
VERSICHERUNG

www.tispa.at